持続可能な発展の話

―「みんなのもの」の経済学

宮永健太郎
Kentaro Miyanaga

JN053458

岩波新書
1974

はじめに――SDGsは一般常識？　ただの流行り？

支持者【しじしゃ】名　期待するものをまだ手にいれていないので、ついてきている人。
――アンブローズ・ビアス『悪魔の辞典』

或る追想

「宮永君。環境問題というのは、結局は「水」と「空気」と「土」のことなんやで。」

これは、かつて私が大学院生だった頃、指導教員(恩師)に言われた言葉です。環境問題の専門知識を狭く深く学ぶ日々を過ごす、まだ何者でもない私に、それとなく大局的な視点を授けようとしてくれる、その温かさや心遣いが嬉しかったのを今でも覚えています。ただ、その言葉に込められたメッセージを、まだその時はよく理解できませんでした。

それからしばらく経ち、とある専門学校で環境問題の講義を担当する機会を得ました。講義準備のために文献を集めて読んでいた時、ふと「四大公害」という文字が目に飛び込んできます。水俣病・新潟水俣病・イタイイタイ病・四日市ぜんそく……そこで突然、指導教員の言葉が私の脳裏に蘇りました。「そういえば四大公害は水・空気・土の汚染問題だ！」、「水・空気・土が汚染されると取り返しのつかないことが起こる、これが四大公害の教訓だったのか！」――環境問題というのはそういう問題なのかもしれないな、とその時思い至ったのです。

ではみなさんにとって、そして人類にとって、環境問題はいったいどういう問題でしょうか？ 本書は、**環境と経済**という視点に立った、**環境問題**の初学者向け概説書です。そして次章以降詳しく説明しますが、本書の一つのキーワードは**持続可能な発展(sustainable development)**です。これから始まる学びを通じて、「環境問題とはどのような問題なのか」、「持続可能な発展とは何か」を知っていただきたいと考えています。

環境問題という問題

ここ最近、**人新世(じんしんせい/ひとしんせい)**という言葉をよく聞くようになりました。これはもともと地質学の用語で、「人間の世紀」というような意味です。正式な地質区分で言うと、現代は完新世《かんしんせい》に属します。しかし科学技術の発展や人口増加、経済成長を背景に、人類が地球環境に与える影響がかつてなく高まっていることを受け、新たに人新世という地質時代を作るべきではないかという議論になっているのです。２０２０年に出版されベストセラーにな

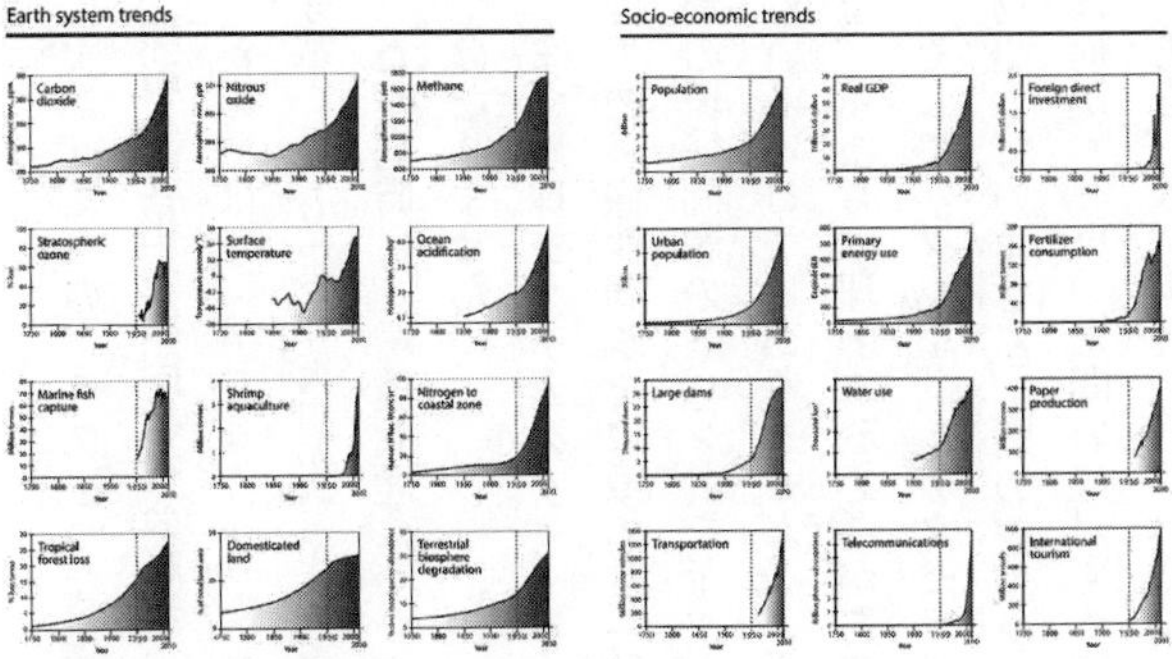

出典：Steffen et al（2015）Figure 1. および Figure 3.

図表序−1 グレート・アクセラレーション（1750−2010）

った斎藤幸平氏の『人新世の「資本論」』が、言葉の普及を大きく後押ししました（斎藤、２０２０）。

そんな人新世で起きている社会経済（socio-economic）の変化、そして地球システム（earth system）の変化は、まとめて「グレート・アクセラレーション（大加速）」と呼ばれることがあります（図表序−1）。

社会経済と地球システムに関するこの二つのグラフを、環境問題という視点から眺めてみてください。たちまち次のような事柄を読み取れるのではないでしょうか？

まず何と言っても、20世紀後半という時代の人類史的な特異さです（各グラフの縦の点線は１９５０年を示しています）。環境問題というのは、「ポイ捨てをやめよう」、「シャワーを1日1分減らそう」といったレベルの発想をはるかに凌駕する問題なのではないか？――そういう疑念が、二つのグラフから浮かび上がってきます。

次に、二つのグラフをつなぐ関係です。「社会経済の変化が環境の変化を引き起こしている」、「環境の変化の原因は社会経済の変化にある」といった関係構造の存在を、みなさんは感じ取ったのではないでしょうか？　環境問題を解決するには、まず何よりも社会や経済のシステム変革（しかもかなり大胆かつ迅速な）が不可避である、というメッセージが強力に伝わってきます。

ただ同時に、環境問題について考えるには、グラフだけからは見えない事柄にも留意しなくてはなりません。

まず地球システムのグラフを見ると、地球温暖化問題を引き起こす「二酸化炭素」、あるいは生物多様性問題を象徴する「熱帯林喪失」といった項目が並んでいます。しかしそれらは個別の環境問題のトレンドを示すものであり、環境問題が総体としてどんな問題なのかを教えてくれるわけではありません。さまざまな個別の環境問題を共通して貫く基本構造のようなものを、私たちは理解する必要があるわけです。

そして、グレート・アクセラレーションの先に何が待ち受けているのか、グラフ自体は何も物語っていません。別の表現をすれば、「なぜ環境を守る必要があるのか」、「環境を守る目的は何か」といった問いに対する答えを明らかにする必要があるのです。

あと、仮に「社会経済の変化が環境の変化を引き起こしている」として、では社会経済の変化のさらに背後にはどんなメカニズムがあるのかについては、未だ不明のままです。

例えば社会経済グラフを見ると、「一次エネルギー利用」や「化学肥料消費」という値が急上昇しています。しかし、それをもたらした社会や経済のメカニズムが分からないので、どう社会や経済に働きかければ一次エネルギー利用や化学肥料消費を減らせるのかが見えません。そんな状態から環境問題の処方箋を捻り出そうとすれば、「とにかくこれ以上エネルギーは使うな」、「化学肥料も使うな」といった、素朴で粗野なものに終わるのがオチでしょう。ちなみにそれは、モデルを使ったシミュレーション解析を軸とする工学系の環境研究が時折陥る罠でもあります。

SDGs——21世紀の人類の羅針盤

環境問題を社会や経済のあり方とセットで議論し、解決を図ろうという発想は、日本でも一般に広がっています。その一つの原動力になっているのは、2015年9月に国連で合意・採択された**SDGs(エスディージーズ、Sustainable Development Goals)**ではないでしょうか(図表序-2)。"sustainable development"は持続可能な発展と訳されることが多いので、SDGsの日本語訳も「持続可能な発展目標」となりそうなものですが、一般には**持続可能な開発目標**という言葉が使われています。

出典：国際連合広報センターホームページ

図表序-2 SDGs(持続可能な開発目標)

ＳＤＧｓが掲げる17の目標は、２０３０年までにわれわれ人類が取り組むべき環境問題・経済問題・社会問題を整理したリストであり、また同時に、２０３０年のあるべき環境・経済・社会の実現に向けて人類が進むべき針路を示したリストでもあります。これからは“sustainable development”、つまり持続可能な発展という社会ビジョンのもと、この地球という星を舵取りしていくのだ――人新世に生きる21世紀の人類は、そう決断したわけです。

ＳＤＧｓと日本――熱狂と冷笑

経済界やメディア、あるいは大学など、多種多様な組織・個人が自らの事業・活動を17のリストと紐づけしながら、やるべきこと／やれること／やりたいことに考えを巡らせつつ、大小さまざまな取り組みを展開している——これが、本書執筆時点の日本の概況です。環境破壊の世紀として後世に記憶されるであろう20世紀のことを振り返ると、隔世の感を禁じ得ません。

しかし、世界各国を対象とした最近の研究によると、SDGsの政治的・政策的な影響力は極めて限定的であることが明らかになっています(Biermann et al., 2022)。そして日本でも、SDGs関連の取り組みは端的に言って玉石混交であり、巷では「SDGsウォッシュ」(SDGsの看板を掲げてはいるが、中身のないうわべだけの取り組み)なる言葉も囁かれています。そんなSDGsへの反感には、「こんな生ぬるいやり方では環境問題は解決できない」といった公憤タイプから、「軽薄なマーケティング臭が気に障る」といった私憤タイプまで、さまざまなものが見受けられます。中でもみなさんの記憶に新しいのは、斎藤幸平氏の前掲書で使われたセンセーショナルなフレーズ、「SDGsは「大衆のアヘン」である」かもしれません。SDGsは真の問題から人々の目を逸らす有害な存在だと喝破されているのです。

熱狂派vs冷笑派を超えて——本書の狙いと構成

今、SDGsに対する二つの対照的なスタンスを紹介しました。構図を見やすくするために、ひとまずそれらを「熱狂派」「冷笑派」とラベリングしておきましょう。

私は、環境問題の研究者として、双方の心情は一応自分なりに理解しているつもりです。しかしそれは、双方の意見にそのまま同意することを意味しません。私がずっと気になっているのが、双方の陣営に通底する次のような問題です。

それは、熱狂派も冷笑派もSDGsの〝SD〟、すなわち肝心の**持続可能な発展**という言葉の意味を果たしてきちんと理解しているのだろうか、ということです。SDGsの普及がある程度進んだ今、次なる日本の課題は、一人ひとりが持続可能な発展に関する知識を身に付けることではないかというのが私の考えです。

そして、その課題に応えるべく書かれた概説書が、本書ということになります。具体的には、環境問題の解決や持続可能な発展の実現というテーマに**環境と経済**という視点から迫りながら、世界の動きを読み解いたり、日本が直面する課題を明らかにしたりするのに必要な知識を提供しようと考えています。

最後に、本書の内容をあらかじめ簡単にご紹介しておきましょう。

次の第1章では、さっそく持続可能な発展概念を取り上げます。そもそも持続可能な発展とはどのような概念なのか？ その概念は、どのような背景のもとで誕生したのか？ これまでの社会が持続〈不〉可能な発展を辿ってきたのだとすれば、それはいかなる意味においてか？ 持続可能な発展を妨げているのは何なのか？——こうした問いの検討を通じて、まずは環境と経済の関係について理解を深めます。

第2章は、**コモンズ**、そしてそこから発展した**環境ガバナンス**という二つの概念をご紹介します。仮に持続可能な発展概念を理解できたとしても、その実現方法について考えるための知識を身に付けないまま、SDGsというお題目を唱え続けても何の意味もありません。なおこの章の結論を先取りすれば、次のように書き表せます。——環境や資源は「みんなのもの」である。しかし「みんながでることを頑張る」だけでは、「みんなのもの」は守れない。コモンズや環境ガバナンスというのは、「みんながバラバラに頑張るだけでは解決できない問題に協力して取り組む」やり方を考えるための概念である——。

続く第3章からは、個別の環境問題に焦点を当てていきます。

第3章では、**ごみ問題**を取り上げます。ごみはもとを辿れば資源ですし、「混ぜればごみ・分ければ資源」という言い方があることからも分かるように、実はごみ問題と資源問題は深く結びついています。そして、「みんなのもの」である資源を「自分のもの」として過剰採取すれば、資源は枯渇し環境は破壊されてしまいます。また「自分のもの」をどうしようが自分の自由なのだから、ごみとして捨てることも当然自由だ——そんな発想の行き着く先は大量廃棄社会であり、「みんなのもの」である環境の破壊です。そんな社会や経済の仕組みを変えるための知識を学びます。

第4章のテーマは**地球温暖化問題**です。地球温暖化問題を解決できるかどうかは、持続可能な発展実現に向けた試金石だと言っていいでしょう。そもそも地球温暖化は人類に何をもたらすのか？　日本という国は地球温暖化問題にどう向き合うべきなのか？　再生可能エネルギー（再エネ）は地球温暖化問題の救世主なのか？　地球温暖化問題の解決に向けて、世界の人々（つまり「みんな」）は国や立場の違いを超えて協力できるのか？——そんな問いを検討していきます。

第5章では、**生物多様性問題**を学びます。環境問題の中の「環境」という言葉の、その具体的な構造やシステムについては、ここまであえて説明しませんでした。この章では、それを考えるキーワード「生物多様性」に焦点を当て、そこから環境と経済の関係により深く迫ってみたいと思います。「みんな」と言った時、人間だけでなく、人間以外の生き物にも想像力を巡らせなければならない——この章を読めば、そんな当たり前の事実を再認識できるはずです。

第6章は、**水資源・環境問題**がテーマです。水は、まさに「みんなのもの」と呼ぶに相応しい存在であり、その保全は持続可能な発展の実現に欠かせません。しかし、水と人間の関係は実に多面的です。人間にとって水は無くてはならないものですが、例えば水災害を思い浮かべると分かるように、水は時として人間に牙を剝き、災いをもたらす存在でもあります。そんな水と人間は、どのように共生していけばよいのでしょうか？　日本の歴史や経験を中心に学んでみましょう。

目次

はじめに——SDGsは一般常識？　ただの流行り？

第1章　人間が死ぬ理由は環境破壊？　経済の停滞？……1
——持続可能な発展という概念
1　環境と人間——環境問題原論　2
2　環境と経済——経済成長をめぐるビジョン　9
3　持続可能な発展——環境＝経済関係の根本にあるもの　22
4　持続可能な発展の経済システム　30

第2章　それぞれが頑張れば問題は解決？……37
——環境ガバナンスの基礎理論
1　コモンズ、そして環境ガバナンス　38
——「みんなのもの」をどう守るか

2　ガバナンス――「社会の舵取り」とその背景　46
3　ふたたび環境ガバナンスについて　54

第3章　日本はリサイクル先進国だから大丈夫？……57
――ごみ問題と循環型社会
1　ごみ問題の構造――循環型社会とは何か　58
2　リサイクルだけで循環型社会は実現できない　67
――プラスチックごみ問題から考える
3　循環型社会とサーキュラーエコノミー　81
4　循環型社会に向けた環境ガバナンス　87

第4章　日本よりも中国・アメリカが頑張るべき？……97
――地球温暖化問題と脱炭素社会
1　脱炭素へ向かう世界　98
2　日本は脱炭素社会づくりにどう向き合うべきか？　104
3　脱炭素社会への道のり①　114
――脱炭素型エネルギーシステムの実現

4 再エネ懐疑論をどう考えるか 122
5 脱炭素社会への道のり② 127
――脱炭素型社会経済システムの実現
6 地球温暖化問題と環境ガバナンス 132

第5章 人の命と生き物の命、どちらが大切？ …… 137
――生物多様性問題と自然共生社会
1 生物多様性から考える環境と経済 138
2 生物多様性を脅かす要因 149
3 自然共生社会づくりを阻むもの 156
4 生物多様性問題と環境ガバナンス 163

第6章 上下水道とダムさえあればもう安心？ …… 167
――水資源・環境問題と水資源・環境保全
1 水と人間――水問題とは何か 168
2 水資源問題を考える 173
――水資源が水資源になる条件

3　水環境問題とその広がり　184
――下水道だけで問題は解決しない
4　水災害問題の考え方――水害リスク低減とその方法　188
5　水資源・環境保全とガバナンス　197
おわりに――落語的環境ガバナンス論、落語的新書……203
参考文献

第1章　人間が死ぬ理由は環境破壊？　経済の停滞？

——持続可能な発展という概念

医学というものは自然現象としての病気を研究するために必要であって、病気の治療のためのものではないはずでしょう。治療するなら病気ではなく、病気の原因を直すべきです。

——アントン・チェーホフ『中二階のある家』

1　環境と人間——環境問題原論

環境を守るのは何のため？

環境問題を考える出発点となるのは「環境と人間はいかなる関係にあるのか、そしてあるべきなのか」という問いです。

環境は、人間や社会にさまざまな便益をもたらしてくれる存在であり、日本人はしばしばそれを「自然の恵み」と呼んだりします（図表1-1）。本書冒頭の例えで言えば、水・空気・土からの恵みです。自然の恵みなくして人間は生きられませんし、社会は存立できません。このように環境とは人間の生存基盤であり、なおかつ社会経済活動基盤であるというのが、環境と人間の関係を考える一つ目のポイントです。

ただ「自然の恵み」という表現は、美しい日本語ではありますが、そのまま英語に直訳しても日本人以外にはおそらく意味が通じません。それに対して、世界的に通用するのが**生態系サービス**という言い方です（図表1-1）。ビジネスを連想させるサービスという言葉に違和感があるかもしれませんが、本来それは無形の有用物といった意味合いの言葉です。企業が私たちにサービスを提供するかの如く、環境も私たちに自然の恵みというサービスを提供している、と見なすのです。

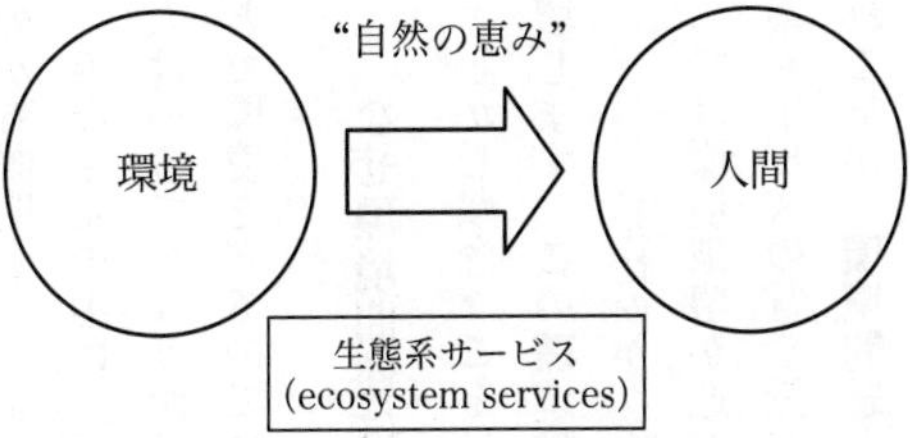

出典：筆者作成

図表1-1　環境と人間の関係①

さて、ここで改めて図表1-1をご覧ください。実にシンプルな、何の変哲もない図ですが、そんな図からも私たちは環境問題の本質のようなものを引き出すことができます。

まず、「環境を守る」という日本語が具体的に何を意味するのかを理解できます。

図では、環境は**ストック**（ある一時点において計測された貯蔵物）、そして生態系サービスはストックから生まれた**フロー**（ある一定期間内に計測された使用物）として、それぞれ表現されています。つまり「環境を守る」とは、生態系サービスというフローを生み出すストックを守ることなのです。ストックとしての環境のこうした機能のことを、**ソース**（供給源）と言います（第3章でも説明します）。

あと図表1-1は、なぜ私たちは環境を守らなくてはならないのかも説明しています。

みなさんの中に、「環境問題を解決するには人類は滅亡するしかない」と考えたことのある人はいるでしょうか？　しかし図を見れば、それはおかしいと気付くはずです。人間が死ぬことで環境を守るのではなく、人間が生きるために環境を守る――それが図の含意だからです。

なぜ環境問題は起こる？

しかし残念なことに、生存基盤であり社会経済活動基盤でもある環境を、人間はしばしば破壊します。この**環境破壊**こそが、環境と人間の関係を考えるもう一つのポイントです（図表1-2、右から左に向かう矢印）。

では環境破壊が進むと、いったい何が起きてしまうのでしょうか？――環境が悪化し、生態系サービスの質や量が低下し、その結果私たちの生存や社会経済活動が脅かされるのです。これこそが、**環境問題**と呼ばれる問題の基本構造なのです。

前節で私は、「環境を守る」とは生態系サービスというフローを生み出すストックを守ることだ、と言いました。しかし環境破壊という現象も加味すると、さらに次のように表現できます――「環境を守る」とはストックの機能を悪化させる環境破壊行為をコントロールすることだ、と。言い換えれば、環境破壊を引き起こしている社会経済システムのメカニズムにメスを入れるということです。この瞬間から、環境問題は社会経済問題へと移行します。
では、環境破壊を引き起こすメカニズムについて、今から説明しましょう（宮永、２０２２a）。その中心にあるのは、私たち人間が社会経済システムで日々行う**意思決定**の問題です。

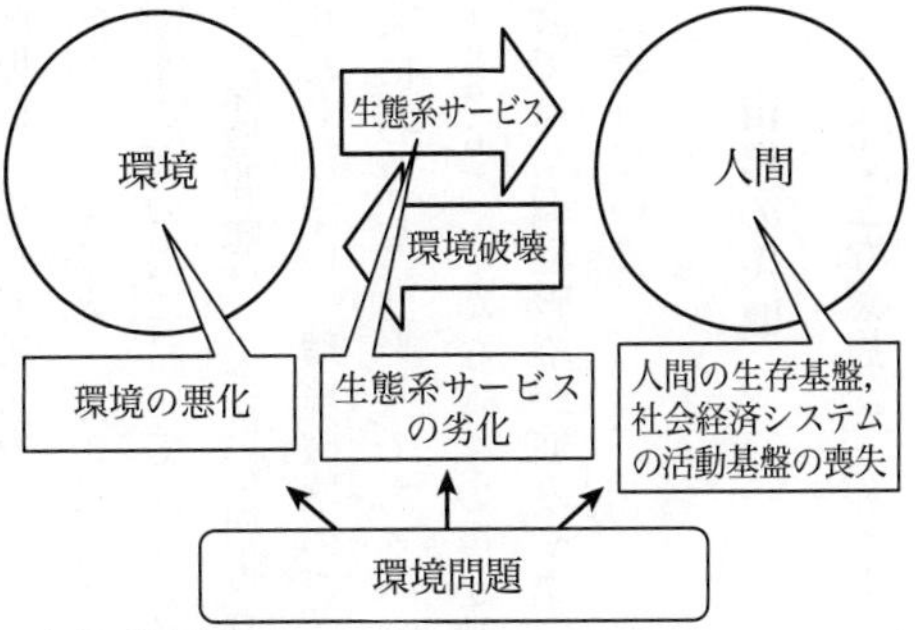

出典：筆者作成

図表 1-2　環境と人間の関係②

私たちは、買い物中にある商品を前にした時、必要性・品質・価格などを考慮して、それを買うかどうかを決めます。それに企業であれば、「工場をどこに立地するか」、「その工場ではどんな原材料を使い、それはどこから何円で調達するのか」といった無数の意思決定に日々直面します。こういった意思決定の場面で、環境や生態系サービスがもつ**価値**が考慮されなければ、その行為は環境破壊を引き起こしてしまいます。

加えて、環境破壊で被害を受ける**人々の声**がそれらの意思決定に反映されない場合にも、環境破壊は進んでしまいます。

例えば水俣病は、当時母親のお腹にいた胎児に重大な被害を引き起こしたことがよく知られています。しかし胎児は、受けた被害を社会に対して訴えられるはずもありません。また地球温暖化が進んで海面が上昇すると、その被害は小島嶼国でとりわけ顕在化するわけですが、そんな国々の声は、国際交渉の場においては、先進国や新興国と比べてどうしても尊重されにくいのが現実です。「環境問題は、全員が加害者で全員が被害者だ」――そんな言説に象徴的に表れていますが、私たちはつい、環境破壊の悪影響は人々に等しく降りかかると考えがちです。しかしそれは現実に照らせば誤りであり、悪影響は**生物的・社会的弱者**に集中しやすいのです（植田、1996）。そんな人々の声が社会の意思決定の場面で軽んじられる、**公正**や**公平性**に乏しい社会では、環境破壊が進みやすいと言えます。環境問題が社会経済問題であることの一端がここに表れています。

市場の失敗

さまざまな意思決定のうち、とりわけ**市場**における経済的意思決定は、環境や生態系サービスという要素を無視しがちです。

ここで仮に、ある企業の工場が大気汚染物質をそのまま放出しており、その除去のためには新たな設備を導入しなければならない、という状況があったとしましょう。しかしその企業にとって、それは除去設備導入に要した費用の分だけ利益が減ってしまうことを意味します。そもそも企業というのは、市場で利益を追求する存在ですので、「除去設備を導入する」つまり「利益を減らす」という意思決定を自発的にすすんで下すことは、通常期待できません。しかも、もしライバル企業が除去設備を導入しないのであれば、市場競争上の不利にもなりますので、そのような自発的意思決定はますます期待できなくなってしまいます。こうして、大気汚染という形で環境破壊が進むのです。

あるいは、市場における経済的意思決定が環境破壊を引き起こすメカニズムは、以下のようにも理解できます。

本章の冒頭部で、環境が生態系サービスを提供することを、企業のサービス提供になぞらえました。しかし両者には一つ、決定的な違いがあります。それは、市場で売買されるサービスは価格がついているのに対して、生態系サービスの多くは価格がついていないという点です。市場で売買されるサービスに価格がついているのは、そのサービスに価値があるからです。では、価格がついていない生態系サービスに価値はないのでしょうか？　決してそうではありません。環境は人間の生存基盤であり、社会経済活動基盤だからです。

つまり、生態系サービスは**価格のつかない価値物**（植田、１９９６）なのであり、市場という仕組みの中では価値が過小評価され、あたかも無価値物のように扱われます。そして企業は、生態系サービスを無料で無限に利用するインセンティヴ（動機）が与えられてしまうのです。

このように市場というシステムは、生態系サービスが持つ「価格のつかない価値」をうまく扱えないという弱点があります。そして市場というシステムは、何もせずに放っておけば、環境を守らない企業に利益を与え、環境を守る企業に利益を与えないよう機能してしまうのです。市場システムの中で起こるこうした事態のことを、**市場の失敗**と言います。

そして市場の失敗の場面で、ある経済活動がその市場取引の外側にいる主体(社会)にマイナスの影響を直接及ぼす現象のことを、**外部不経済**と言います。多くの経済学の教科書を読むと、市場の失敗の典型例が外部不経済であること、そしてその代表例が環境破壊であることが記されているはずです。

政府の失敗

ところで、企業と並ぶ重要な社会主体である**政府**は、環境破壊という現象とどう関わっているのでしょうか?

政府に期待されているのは、市場の失敗を是正、言い換えれば環境破壊の発生メカニズムを制御し、環境破壊を止めることです。しかし現実には、政府の対応が思い通りの効果を生んでいなかったり、逆に問題をより深刻化させていたりすることもあります。あるいは、政府の意思決定に環境や生態系サービスという要素が反映されず、政府自身が環境破壊を引き起こすケースもあります。公共事業による自然破壊がその代表です。このような事態は、先ほどの市場の失敗に倣って**政府の失敗**と呼ばれています。

そして政府の失敗は、次のような形でも顕在化します。ここで、石油石炭関連産業が実施する探査・採掘・運搬・加工といった事業が、二酸化炭素の大量排出を引き起こしている状況を思い浮かべてみましょう。一見すると、これは企業活動に起因する市場の失敗現象のように映ります。しかし一連の事業には、実は膨大な政府補助が投入されています（補助金、減税・免税、公的金融機関の金利優遇、発展途上国向けの国際開発援助など）。例えばＩＭＦ（国際通貨基金）の分析によると、２０２０年の1年間だけで、世界全体で5・9兆ドルもの補助金が石炭や石油に支払われています（Parry et al., 2021）。こうした状況において、政府もまた地球温暖化の進行に加担しているのは明らかです。

2　環境と経済――経済成長をめぐるビジョン

脱成長とグリーン成長

「はじめに」で言及したように、本書は**環境と経済**という視点に立っています。ここからは、環境と人間はいかなる関係にあるのか、そしてあるべきなのかについて、環境と経済という視点から考えてみましょう。

環境と経済をつなぐ最も重要な関係構造は、すでに説明した外部不経済です。したがって「外部不経済を生まない経済システムを実現すること」、これが環境と人間のあるべき関係を築くための基本戦略になります。環境というストックを悪化させず、生態系サービスを享受し続けることを可能にしてくれるような、そんな経済システムの実現です。

しかし環境と経済の関係構造を考える場合、みなさんにとっては外部不経済よりも**経済成長**という用語の方がなじみ深いかもしれません。人新世は、環境破壊の時代であると同時に経済成長の時代でもあります。みなさんも「なぜ環境問題が起こるのか」と問われたら、多くの方は「外部不経済」ではなく、「経済成長(のあくなき追求)」と答えるのではないでしょうか(ちなみに外部不経済はミクロ経済学の概念、経済成長はマクロ経済学の概念というように、両者はやや次元を異にする概念です)。

もしも経済成長を追求する限り環境破壊は止まらないのだとすれば、環境問題の解決策はとても単純です。経済成長の追求を止めればよいのです。人間の生命を脅かす環境破壊を究極の「経済成長のコスト」ととらえ、経済成長からの脱却を志向するこのような経済ビジョンは、**脱成長**と呼ばれます。

それに対して、経済成長を捨て去らずとも環境保全は可能だとする経済ビジョンもあるのですが、本書ではそれを**グリーン成長**と表現しておきましょう。本書の読者の中にも、環境を守るためとはいえ、そのために経済成長を捨て去れと言われてそのまますんなり受け入れられる人は、そんなに多くないと思われます。環境が大事なのは分かるが、環境を守ることで失われるものだってあるのではないか（「環境保全のコスト」）？　経済が停滞しても、人間は死んでしまうのではないか？……グリーン成長派はそんな点を懸念するわけです。そんな彼らが心を砕くのは、環境と経済のウィンウィン（win-win）の実現です。

それでは、環境と人間のあるべき関係を実現してくれる経済システムは、果たして脱成長なのでしょうか、それともグリーン成長なのでしょうか？　人間が死ぬ理由は、環境破壊なのでしょうか、それとも経済の停滞なのでしょうか？――今から示すように、両派の間には論争の歴史があり、本書だけではとても解答を与えられません。代わりに本章では、四つのキーワードを手がかりに両派の対立の争点を多角的に概観してみます。

キーワード①　市場システム

脱成長派の主張の根っこにあるのは、経済成長の追求がいずれ環境や資源の**有限性**にぶつかるという発想であり、そんな彼らがよく言及するのが、１９７２年に出版された『成長の限界

（*The Limits to Growth*）』という本です。

出版に先立つ1960年代、世界は先進国を中心に未曽有の経済成長を謳歌していましたが、その裏で公害や環境問題が頻発していました。このまま経済成長が続くと、地球はいったいどうなってしまうのか？——そう心配した科学者や実業家は、1968年にローマクラブという団体を作ります。そして詳しい分析をデニス・メドウズたちの研究グループに委嘱し、できあがったのがこの『成長の限界』です。

メドウズたちが採用したのは、システムダイナミクスという定量モデル分析の手法でした。そして同書の分析によって、このまま人口と工業生産が急拡大していけば食料不足・天然資源枯渇・環境汚染が起こり、100年以内に成長が限界を迎え、人口と工業生産も減少に向かうという予測結果が得られます。まさに脱成長派が憂慮する、将来の暗黒シナリオそのものです。

しかしメドウズたちの議論に対しては、次のような有名な批判があります。

2019年と1970年を比べると、地球全体の天然資源の使用は3倍以上増加、人口は倍増、そしてGDPは4倍になりました（IRP, 2019）。しかし本書執筆時点において、天然資源はまだ一応枯渇しておらず、人類も今のところ破局を免れています。幸いなことに、メドウズたちの予測は外れたのです。

その理由の一つは、資源利用圧のうちのいくばくかを、資源生産性（資源一単位当たりの生産量）の上昇によって緩和できたからです。そしてその背後には、**市場システム**の働きがあります。天然資源の希少性が高まれば、それに市場システムのメカニズムが反応し、天然資源の価格は上昇すると考えられます。その結果、省資源や代替資源開発のモチベーションが高まり、**技術**の開発が進み、資源生産性も高まったというわけです。メドウズたちが見誤ったのは、天然資源の存在量や枯渇の時期ではなく、社会の対応能力だったのです（植田、２０１０）。

なお、ここまで議論してきたのは主に実物経済の話でしたが、実は金融経済（**金融市場**や**資本市場**）についても近年似たようなトレンドが観察されています。環境や資源の希少性に金融・資本市場が反応し、それが環境保全型の企業行動を促すというトレンドです。

ここ最近、機関投資家や巨大金融機関が牽引役となり、**ＥＳＧ投資**や**ＥＳＧ融資**が活況を呈しています。ＥＳＧとは、環境（Environment）・社会（Social）・コーポレートガバナンス（Governance）の頭文字です（最後のコーポレートガバナンスは次章で説明します）。売上・利益・市場シェア・株価といった経済的な物差しだけでなく、ＥＳＧという三つの物差しも意識して投資・融資しよう、というのがＥＳＧ投資・ＥＳＧ融資の考え方です。

こうなると企業の側も環境問題を無視できず、環境に配慮した企業経営つまり**環境経営**を進めざるを得ません。そして従来の財務情報に加え、「自社は今後どんな環境リスクに直面していくのか」、「自社は環境問題をどうビジネスと結びつけていくのか」といった非財務情報も積極的に開示し、ＥＳＧマネーを呼び込もうと努力していくことになります。

環境と経済のウィンウィンを志向するグリーン成長派は、市場システムのそんな振る舞いを後押しし、社会の対応能力を高めていくという戦略を思い描きます。ただ以下述べるように、市場システムへの過信は禁物です。

まず、市場システムの働きで資源生産性が上昇したからといって、環境や資源の有限性問題自体が消滅したわけではありません。脱成長派は、まさにそこを問題視しているわけです。

それに、市場システムは環境や資源の希少性すべてに反応するとは限りません。石炭や石油のような、市場価格がつく天然資源の希少性は反映しやすいかもしれませんが、例えば種の絶滅のような現象はその限りではありません。

さらに、社会の対応能力向上の原動力は、何も市場システムの自動的な作用だけではありません。意図的な政策上の働きかけも重要です。例えば再エネや電気自動車の急速な普及は、政府の各種施策や国際社会からの声なくして実現できませんでした（第4章で説明します）。あるいはＥＳＧ投資・ＥＳＧ融資の活況の裏には、ＰＲＩ（責任投資原則）・ＰＳＩ（持続可能な保険原則）・ＰＲＢ（責任銀行原則）といった行動イニシアティヴを推進してきた業界や国際機関の努力がありました。ただ市場に任せて放っておくだけでは、社会の対応能力は向上しないのです。

キーワード② イノベーション

先ほどの議論で登場した技術には、次のような役割も期待されています。それは、新たな技術をベースに**イノベーション**を起こし、その力を借りて環境破壊なき経済成長を実現しよう、というものです。このイノベーションもまた、グリーン成長派の主張を理解するための重要なキーワードです。経営学者マイケル・ポーターの議論を例に、以下見ておきましょう(宮永、2022c)。

環境経営の実施は、言うは易く行うは難しです。というのも、環境対策は企業に追加的なコストとして伸し掛かり、その企業の市場競争力を弱めるとの懸念が常に付きまとうからです。そんな懸念の解消を試みたのがポーターでした(Porter and van der Linde, 1995)。環境対策はコストではなく**投資**ととらえられる、そしてその投資はイノベーションを誘発し、その企業の競争優位の源泉となり、経済的価値を生み出せる、というのが彼らの主張です。環境と経済のウィンウィン、すなわちグリーン成長をまさに絵に描いたようなシナリオだと言えるでしょう。

ただ問題は、どうすればそのシナリオが実現できるのかです。それに関して、彼らは政府という存在に焦点を当て、「適切にデザインされた政府の環境規制は企業のイノベーションを促進し競争力を高める」との仮説を示しています(**ポーター仮説**)。

この仮説をめぐってしばしば言及されるのが、1970年代の自動車排ガス規制の経験です。当時アメリカや日本では、大気汚染対策の一環で自動車メーカーに対して厳しい排ガス規制が課されたのですが、それらの過程で日本車の排ガス浄化技術や燃費向上技術が進展し、日本車の国際競争力が高まったのです。

ただポーター仮説の妥当性をめぐっては今も論争が続いています。まず「適切にデザインされた」という文言の具体的な中身は、未だベールに包まれています。例えば環境規制の水準一つとっても、それが厳しすぎればイノベーションの創出は技術的にもコスト的にも期待できませんし、逆に緩すぎれば小手先の工夫で対応できてしまいこれまたイノベーションが創出されない、といった具合です。それ以外にも、産業、国、大企業と中小企業の違いなどで結論は変わると考えられます。ウィンウィンに至る道のりはまだ分からないことだらけです。

キーワード③　CSV

ポーターは、イノベーション以外にもう一つ、グリーン成長派にとっての有力な理論的基盤を提供しています。それが**CSV(Creating Shared Value)**です(Porter and Kramer, 2011, 宮永、2022c)。

CSVは「共通価値の創造」などと訳され、そこで言う共通価値は「社会的価値と経済的価値の共通」を指します。彼ら曰く、CSVとは「社会のニーズや問題に取り組むことで社会的価値を創造し、その結果、経済的価値が創造されるというアプローチ」であり、その具体例として、容器包装の削減や配送ルートの見直しを通じて大幅なコスト削減に成功したウォルマート社の取り組みなどを挙げています。これもまさに、環境と経済のウィンウィンそのものです。

ではなぜポーターらはCSVという概念を提唱したのでしょうか？　それは、**CSR（Corporate Social Responsibility，企業の社会的責任）**という概念の限界を乗り越えたいとの思いがあったからです。

企業にはビジネスという経済的な本業と並行して、あるいはそのビジネスの枠内で、社会課題の解決に自発的に寄与する責任がある――CSRという言葉は、こうした考え方を指しています。そしてそれは「企業の本分は金儲けである（The business of business is business）」、つまりビジネスで利益を生み出し、それを株主に分配し、株主利益を最大化するという経済的目的に企業は専念すべきだ、という通説への挑戦を意味しています。環境問題の分野では、1989年にエクソン社が所有するタンカー（バルディーズ号）がアラスカ沖で座礁し、大規模な原油流出事故が起きたのをきっかけに、CSRの考え方が広く知られるようになりました。

しかしポーターは、そんなCSR概念は乗り越えられるべき存在だと考えます。CSRは経済的価値と結びついておらず、企業活動の周辺に追いやられている、というのが彼らの現状認識でした。そこで主張されたのが、CSRからCSVへの転換だったのです。日本でもCSVの考え方は、今や大企業を中心にすっかり定着しています。

ただCSVの考え方には、批判もあります。経済的価値をもたらす限りにおいて社会的価値に着目するポーターらの考え方では、そこからこぼれ落ちる社会課題の存在が等閑視されてしまう、といった指摘がその代表です。そしてそれはグリーン成長にも当てはまるでしょう。利益の範囲内で環境を保全するようなやり方で、人類の生存基盤であり社会経済活動基盤である環境を本当に守れるのか？——グリーン成長派には、このような問いが突き付けられています。

キーワード④　環境クズネッツ曲線

環境と経済の関係を考える有名な理論枠組みに、**環境クズネッツ曲線**というものがあります(図表1-3)。それは、縦軸に環境負荷(大気汚染や水質汚染の度合いを示す指標値)、横軸に経済成長(一人当たり所得や一人当たりGDP)を取り、世界各国をプロットして推計すると、逆U字型の曲線が得られるというものです。

「クズネッツ」というのは経済学者の名前です(Simon S. Kuznets, 1901-1985)。数ある彼の業績の一つに、所得分配に関する逆U字仮説があります。それは、縦軸に不平等度(ジニ係数など)、横軸に一人当たりGDPを取ると、両者の間に逆U字型の関係を見出せるというものでした

（クズネッツ曲線）。環境クズネッツ曲線は、そのクズネッツ曲線の環境版という意味合いが込められています。

プロットした国々は、一般的に大きく次の三つのグループに分かれます。

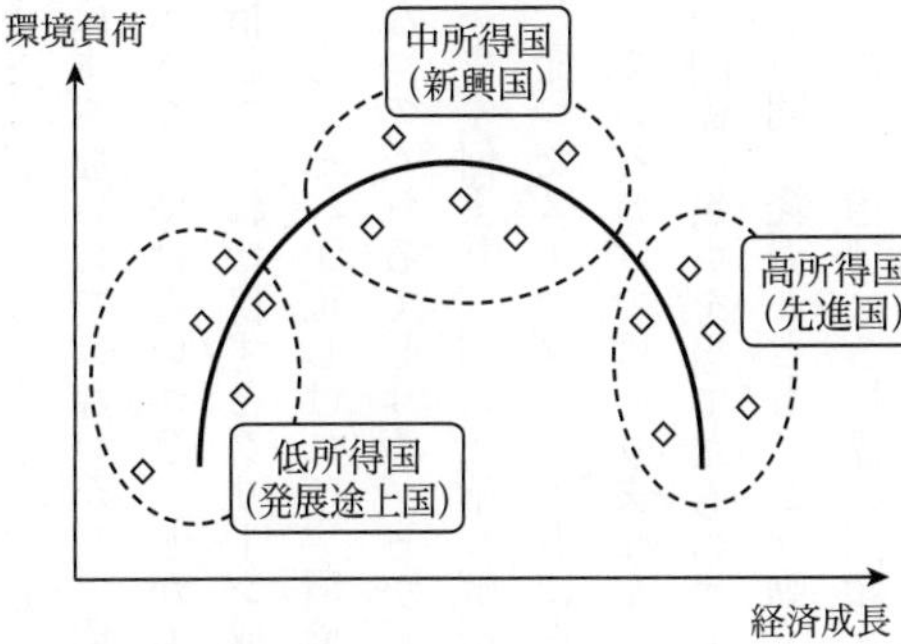

出典：筆者作成

図表 1-3　環境クズネッツ曲線：イメージ図

①低所得国（発展途上国）　産業が未発達で経済規模が小さく、環境負荷もまだ小さいグループ。
②中所得国（新興国）　エネルギーや資源を大量消費し、汚染物質も大量排出する重厚長大型産業を軸に、ある程度の経済規模が実現しており、環境負荷も高止まりしているグループ。
③高所得国（先進国）　サービス業や情報通信業を軸とする産業構造への移行、政府による環境規制の進展、環境技術の進歩などを背景に、比較的低環境負荷を実現しているグループ。

図表1‐3を眺めて、次のような思いがみなさんの

頭をよぎったかもしれません——脱成長派の主張は、ある程度の経済水準以上の人々には当てはまらないのではないか？　環境を保全するには、むしろ私たちは積極的に経済成長を追求すべきなのではないか？　しかもそれはグリーン成長である必要すらなく、通常の経済成長を目指していれば自ずとグリーン成長になっていくのではないか？

もしそれが正しければ、環境クズネッツ曲線はグリーン成長派にとって強力な理論的援軍となってくれるでしょう。しかし他方で注意が必要です(Dinda, 2004)。

まず何より、図の正確な解釈が不可欠です。環境クズネッツ曲線は、ある一時点の状態を写し撮ったスナップショットに過ぎず、各国が時間の経過とともに曲線に沿って動いていくと言っているわけではありません。それに環境クズネッツ曲線は、あくまで国家単位の環境と経済の関係に焦点を当てたものであり、「地球」という点を曲線上のどこかにプロットし、その点が時間の経過とともにどう動くのかを予見するツールではありません。

また、選ばれる指標の問題もあります。例えば、縦軸の指標(環境指標)と横軸の指標(経済指標)の選び方次第で、曲線の形状は大きく変わります。そして、環境指標としてフローの指標(例えば「20XX年の大気汚染物質排出量」)が選ばれることが多く、ストックの状態についての情報が得られないという問題もあります。

さらに環境クズネッツ曲線は、「ある国の天然資源を食いつぶして別の国が経済成長する」、

「ある国の環境保全と引き換えに別の国の環境が犠牲になる」といった、国際的な現象が見えにくいという弱点があります。

仮にある先進国が、発展途上国の漁場で乱獲された水産資源を大量に輸入し、自国の漁場の荒廃を免れているとしましょう。そんな国でも、環境クズネッツ曲線上では「低環境負荷を実現している高所得国」に分類されてしまう恐れがあります。また、2000年代以降の地球全体での物質消費量の大幅な増加は、主に上位中所得国によるものですが、物質を大量に使う重厚長大型の生産工程が先進国から移転してきたことがその背景の一つにあります(IRP, 2019)。そのような国際的な作用を考慮せず、一国単位で環境と経済の関係を判定するのはナンセンスと言わざるを得ません。

脱成長派vsグリーン成長派、その先へ

では結局、私たちは脱成長とグリーン成長のいずれの道を選ぶべきなのでしょうか？　ここまでの検討からも分かるように、両派とも解決すべき学術的・実践的課題が山積しており、まだ答えを出せる段階には至っていないのが現状です。

そこで以下からは、「脱成長かグリーン成長か？」という問いからいったん離れ、環境と経済の関係を考えるための最重要概念、「持続可能な発展」について説明していきましょう。ま

ずは概念誕生の歴史から振り返ります（宮永、２０２２b）。

３　持続可能な発展——環境＝経済関係の根本にあるもの

国連人間環境会議とその教訓

１９７２年、ストックホルム（スウェーデン）で**国連人間環境会議**という国際会議が開かれます。高校の社会の教科書にも載っている有名な会議ですが、そこで何が話し合われ、何が決まったのでしょうか？

会議のテーマは**地球環境問題**でした。それまで人類は、数多の国際会議を開催してきましたが、地球環境問題がテーマになったのは、これが人類の歴史上初めてのことでした。当時の国連事務総長、クルト・ワルトハイムは、同会議の開催を「産業革命の進行に重要な修正を加えた時代の転換点」と評します。このように、まず何よりも会議の開催自体が画期的な出来事でした。そして他にも、人間環境宣言（ストックホルム宣言）という合意文書が採択され、UNEP（国連環境計画）という組織の設立も決まりました。

しかし、地球環境問題の解決に向けた具体的な取り組みや政策目標は、ほとんど何も決まりませんでした。より正確に言うと「決められなかった」のです。その最大の理由は、**先進国**と**発展途上国**の間で鋭い意見の対立があり、合意形成が進まなかったからです。

会議の構想を主導したのは先進国の側でした。戦後、先進各国は急速な経済成長を遂げましたが、その陰で深刻な公害問題を経験し、資源の枯渇への懸念も高まるなど、経済成長至上主義への反省の機運が生まれつつあったことが背景にありました。今でいう脱成長の発想です。ちなみに会議が開かれた１９７２年は、『成長の限界』の出版年でもありました。

そしてもう一つ先進国が懸念していたのは、発展途上国の急激な**人口増加**です。環境の有限性や資源の枯渇が地球規模で顕在化していくことが現実のものとなりつつあった中、先進国は発展途上国を巻き込んで同じテーブルにつけ、グローバル・イシューとして環境と経済の問題を議論しようとします。

だが発展途上国の側の認識は、先進国とはまったく異なっていました。戦後、先進国からの政治的独立を次々と勝ち取った発展途上国でしたが、その多くは貧困にあえぎ続けていました。その状況を一刻も早く抜け出し、経済的成功を勝ち取ることこそが、発展途上国の次なる悲願だったのです。そんな彼らにとって、先進国の主張は、一方で経済成長の果実を享受しつつ、他方で地球環境問題を口実に発展途上国から果実を収奪しようとしている、と映ったのです。

そんな発展途上国の立場を代弁したのが、当時のインド首相、インディラ・ガンジーが言ったとされる次の言葉です――「貧困こそが最大の環境汚染源である(Poverty is the greatest polluter)」。私たち発展途上国だって経済成長できれば、先進国のように環境問題にも対処してみせようではないか、と言い放ったのでした。さぞ先進国は耳が痛かったに違いありません。

このように、先進国と発展途上国の間で、環境と経済をめぐる認識に大きな隔たりがあったわけです。同時に、地球環境問題の解決を阻む最大のネックが**環境か経済か**というジレンマにあることが、皆の目に明らかになったのです。

地球環境問題をめぐる変容

その後も、先進国と発展途上国の対立は一向に収束しません。さらに皮肉なことに、経済のグローバル化の進展もあって地球環境問題は激化したほか、先進国と発展途上国の状況にも大きな変化が生じていました。

先進国では、人々の間で環境問題への関心が徐々に低下していきます。その端緒となったのは、二度の石油ショックによる経済の失速でした。経済の立て直しが何よりも急務とされ、環境問題への取り組みも後退します。

発展途上国では、経済成長の恩恵が及び始めた国とそうでない国との分化が進みます。前者、例えばＮＩＥＳ(新興工業経済地域)のような国々では、工業化・都市化の進展とともに公害が頻発するなど、かつての先進国が辿った同じ道を歩み始めました。先進国における公害の教訓は、残念ながら活かされなかったのです。

他方後者の、フィリピンやアフリカ各国では、貧困は一向に解消されませんでした。外貨を稼げるのが農産物などの一次産品くらいしかなく、優良農地は換金作物（バナナ・カカオなど）の栽培に充てられていきますが、一次産品の価格は低迷を続けました。そしてその価格下落をカバーしようと新たな農地開発が進んだ結果、熱帯林の大規模な破壊が次々と起こったのです。環境破壊と貧困の負のスパイラル現象です。

ここで重要なのは、地球環境問題をめぐるこうした諸状況が「環境か経済か」という視点そのものの見直しを迫った、ということです。なぜなら、先進国か発展途上国かを問わず、「環境も経済も悪化していく」という現実も広がっていたからです。「環境か経済か」から「**環境も経済も**」へ、という新しいパラダイムの模索が始まろうとしていました。

ブルントラント委員会が訴えたかったこと

地球環境問題の深刻化に危機感を覚えた国際環境団体、ＩＵＣＮ（国際自然保護連合）は１９８０年に『世界保全戦略（*World Conservation Strategy*）』という報告書をＵＮＥＰなどとともに取りまとめます。そしてその報告書こそが、持続可能な発展（sustainable development）という言葉を初めて公式に用いたものでした。ただ明確な定式化は欠いており、人間の生命や活動の基盤としての環境を維持してはじめて持続可能に発展できる、といったレベルの抽象的な記述にとどまっています。

そんな中、**ブルントラント委員会**（正式名称「環境と開発に関する世界委員会」）という組織が、持続可能な発展というコンセプトを初めて本格的に定式化します。ブルントラント（Brundt-land）というのは、当時のノルウェー首相の名前であり、彼女がこの委員会のトップであったことから、こう呼ばれるようになります。そして同委員会は１９８７年、『ブルントラントレポート』という報告書を作成し、持続可能な発展を**「将来世代のニーズを充足する能力を損なうことなく、現在世代のニーズを満たすこと」**と定義したのです。持続可能な発展の最も標準的な定義は、現在もこれです。

この定義が興味深いのは、持続可能な発展を定義するのに「環境」という言葉をまったく使っていないことでしょう。地球環境問題というのは単なる地球環境の破壊ではなく、将来世代と現在世代の公平性の問題なのではないか？――こうした公平性のことを**世代間公平性**といいますが、それこそが彼女らのメッセージでした。

その後、１９９２年にリオデジャネイロ（ブラジル）で開催された**地球サミット**では、リオ宣言という合意文書が採択され、持続可能な発展という言葉が何度も登場することになります。

また地球サミットは、国連人間環境会議とは異なり、非国家主体（企業やＮＰＯ・ＮＧＯ）も多数参加して議論に加わったという特徴もありました。

環境・経済・社会、そしてＳＤＧｓへ

世代間公平性の観点から環境と経済の関係を考えよう、というのが持続可能な発展概念の基本的なエッセンスです。しかし２００２年にヨハネスブルク（南アフリカ）で開催された第２回地球サミット、そして２０１２年にリオデジャネイロで開催された第３回地球サミットあたりから、持続可能な発展概念にもう一つ別のエッセンスが加わり始めます。

それは**環境・経済・社会**という考え方です。**発展（development）**には環境・経済・社会という三つの側面があり、環境と経済に加えて「社会」という要素も併せて考慮しなければならない、というものです。ちなみにここで言う社会とは、**社会的包摂**と呼ばれる取り組みのことであり、具体的には以下のような内容から構成されます（Sachs, 2015）。

①極度の貧困（extreme poverty）をなくす。
②富裕層と貧困層の不平等（inequality）を是正する。
③階層間の社会的流動性（social mobility）を高める。

④性別や人種、宗教による差別(discrimination)をなくす。
⑤不信や敵意、道徳の欠如をなくし、社会的結束(social cohesion)を高める。

したがって**成長(growth)**という言葉は、発展を構成する三側面のうちの経済的側面だけに光を当てたもの、と見なされることになります。

２０１５年に誕生したＳＤＧｓもこうした持続可能な発展理解に基づいており、環境・経済・社会の各側面、もしくはその複数に係る目標を包括的に掲げています。地球環境問題を解決するには、環境分野だけではなく、経済や社会も含めた総合戦略が必要であることに国際社会は早くから気付いており、その必要性を広く一般の人々に知ってもらうことの重要性も感じていました。それがようやく形となったのが、ＳＤＧｓだったのです。

これ以外にも、ＳＤＧｓには国連人間環境会議以降積み重ねてきたさまざまな経験や英知が活かされています(宮永、２０２２b)。

ＳＤＧｓの一つの特徴は、責任論をひとまず棚上げしている点です。例えば１９９２年のリオ宣言には、**共通だが差異ある責任**という有名なフレーズが登場します。問題の解決に向けて、先進国も発展途上国も一緒に責任を負う必要があるが、その程度は国ごとに異なってしかるべきであり、先進国がより大きな責任を負うべきだ、というものです。しかしＳＤＧｓはそんな論点には微塵も触れません。

加えて、SDGsは国連がトップダウンで実施しているわけではなく、先進国も発展途上国も、そして政府も企業もNPO・NGOも含め、地球上のあらゆる主体が参加するプロセスを想定しています。そして、到達点としての17の目標は掲げる一方、それらをどのような手段で実現していくのかは各国・各主体に委ねる、というのがSDGsのやり方です。

ではなぜSDGsは、責任論を棚上げしたりボトムアップ型の推進プロセスを採用したりしているのでしょうか？　それは今まで見てきたように、先進国と発展途上国が立場の違いを乗り越えられず合意形成が進まなかった、あるいは企業やNPO・NGOの参加が不十分なため思うような成果が得られなかった、といった反省に立っているからなのです。

ところでSDGsにはもう一つのルーツがあり、それは国際開発の分野で2000年に誕生した、**MDGs（ミレニアム開発目標、Millennium Development Goals）**という国連の取り組みです。ただこのMDGsは、先進国の問題を切り離して途上国の問題だけを扱うような面があったこともあり、2015年からSDGsへと発展的に継承されたのです。

もちろん、SDGsのようなアプローチにも欠点や課題はあり、それだけで持続可能な発展を実現できるわけではありません。そして先進国と発展途上国の対立は、今でも国際会議での合意形成を難しくしている最大の障壁であり続けています。しかし、ブルントトランレポートの刊行からおよそ30年、一部の専門家や政策担当者、あるいは地球環境問題に関心を持つ一部の人々には受け止められたものの、その他大多数の人々にはなかなか浸透しないという状況が続いていた持続可能な発展概念は、ＳＤＧｓをきっかけに転機を迎えようとしているのです。

4　持続可能な発展の経済システム

経済成長はＧＤＰで測る。では持続可能な発展は何で測る？

ところで、ここまで何気なく使ってきた**経済成長**という言葉ですが、それにはれっきとした定義があります――「ＧＤＰ（国内総生産）という指標の値が大きくなること」です。ＧＤＰとは、一定期間内（例えば一年間）の、ある一国における経済活動の大きさを表すものであり、市場で生み出された財・サービスの付加価値額の合計値として示されます。そして、ＧＤＰの伸び率のことを**経済成長率**と言います。ちなみにＧＤＰという指標の開発は１９２０～40年代に遡るのですが、その中心人物の一人が実は既述のクズネッツでした。

ある国の経済が成長しているかどうかは、ＧＤＰという指標を見れば分かります。では持続可能な発展が実現しているかどうかは、どうすれば分かるのでしょうか？　そんな問いを意識しつつ、持続可能な発展の経済システムをめぐる四つの視点を考えていきましょう。

視点①　時間軸

ＧＤＰは、ある期間を区切ってその間に生み出された付加価値額を計測した値であり、「２０ＸＸ年の日本のＧＤＰは５３０兆円だった」という風に表現します。しかし、５３０兆円という値が将来世代を犠牲にして得られたものなのか、それとも将来世代のことを考えながら経済活動をした結果得られたものなのか、この指標は何も物語っていません。つまり世代間公平性に関する情報は、ＧＤＰを見ても分からないのです。持続可能な発展の経済システムは、時間軸の視点を導入してはじめて、その姿を私たちの前に現わしてくれるのです。

視点②　資本

「２０ＸＸ年の日本のＧＤＰは５３０兆円だった」、としましょう。この５３０兆円というのは、２０ＸＸ年に得られたフローの値です。一方で、それを生み出すストックの中身や大きさの情報については、この指標は一切何も教えてくれません。

経済活動の基盤となるストックのことを、**資本**と言います。そこには、工場施設や機械、あるいは道路・港湾・橋などの人工資本が含まれます。また、経済活動に従事する人やそのスキ

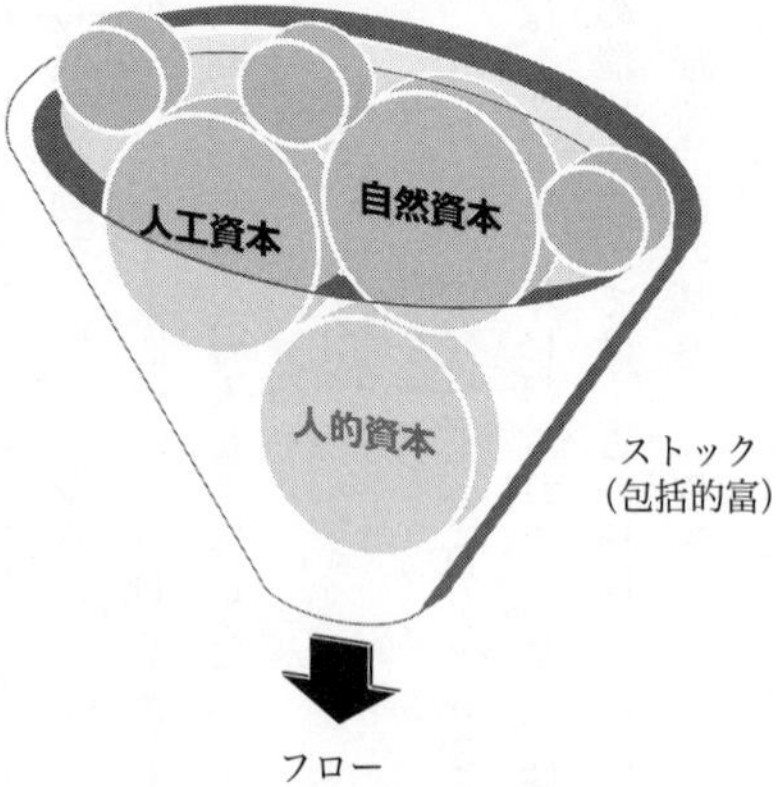

出典：山口臨太郎氏作成の図を一部修正

図表1-4　包括的富の考え方

ル・知識といった人的資本も、経済活動の重要な基盤です。さらに言えば、社会経済活動の基盤たる環境も、一種の資本と見なすことが可能です（**自然資本**）。そしてそれ以外にもさまざまな資本が存在し得ますが、そんな諸資本を足し合わせたものを**包括的富（inclusive wealth）**と言います（図表1-4）。

このような枠組みに基づくならば、持続可能な発展は「包括的富を維持しながら経済活動を行うこと」と定式化できるでしょう。包括的富を維持できれば「将来世代のニーズを充足する能力を損なう」ことを避けられるからです。持続可能な発展の経済システムとは何か？――その答えは、GDPというフローの大きさからだけでは分からないのであり、GDPの背後にあるストックとしての包括的富がどう変化したかを見ることが重要なのです。

視点③　ウェルビーイング

ＧＤＰで測る経済成長と、ＧＤＰだけでは測れない持続可能な発展ですが、実は共通点もあります。それは、両者とも目的ではなく手段だということです。

では、そこで言う「目的」とは何でしょうか？「豊かさ」や「幸福」などの表現がたちまち思い浮かびますが、最近注目されているのは**ウェルビーイング（well-being）**という言葉です（日本語に訳すと「人生におけるよい状態」「よい生」といったところでしょうか）。

ではウェルビーイングは、経済成長や持続可能な発展といかなる関係にあるのでしょうか？次の二点を確認しておきましょう。

まず、経済成長だけでウェルビーイングは実現できない、というのが持続可能な発展論の基本的なメッセージです。本来、発展には経済以外の側面があるにもかかわらず、どうしても「発展とは経済成長のことである」、「その経済成長はＧＤＰによって測られる」、「したがってＧＤＰを増やせばその社会は発展する」と考えられがちでした。持続可能な発展論の「環境・経済・社会」という考え方は、こうした通念や評価尺度のあり方に疑問を投げかけ、そこにより総合的な視点を導入するよう主張したのでした。

そして、経済成長はウェルビーイング実現の手段でしかないにもかかわらず、私たちはしばしば経済成長それ自体が目的だと錯覚してしまいます。ＧＤＰは経済活動の大きさを表す指標であって、ウェルビーイングの指標ではありません。ＧＤＰの生みの親の一人、クズネッツも実はそのようなことを強調していたのは有名な話です。

ちなみに脱成長派は、経済成長がウェルビーイングに寄与する程度を低く見積もる傾向にあるようです。その際、リチャード・イースタリンという経済学者が発見した「イースタリン・パラドックス」(一般に所得が高ければ幸福度も高まるが、経済が成長して所得水準が高まっても幸福度があまり変化しない現象)が参照されるケースが目立ちます。それに対してグリーン成長派は、経済成長がウェルビーイングに大きく寄与すると一般的に想定するようです。だからこそ、グリーン「成長」を志向するのでしょう。

視点④ 環境と社会

GDPという指標で測っているのは、市場で取引された財・サービスの経済的価値のみです。しかし「環境・経済・社会」という考え方に立つ持続可能な発展論は、残る環境的側面・社会的側面についても考慮しなくてはなりません。

例えばマイカー用のガソリンを購入すればGDP上プラスにカウントされます。しかし、そのガソリンの消費によって引き起こされる地球温暖化のマイナス影響分は、GDP上ではカウントされません。GDPとはそもそもそういう指標なのだから仕方ない、と言ってしまえばそれまでですが、そんなGDPを追い求めた先に待っているのは環境破壊の未来です。

そしてGDPは、社会的包摂に関する情報も示していません。「20XX年の日本のGDPは530兆円だった」というとき、それが富裕層と貧困層の格差が拡大しながら実現した530兆円なのか、それとも経済成長の恩恵が等しく行き渡って実現した530兆円なのか、GDPという指標は何も教えてくれません。

経済成長の「量」と「質」

ここまで、持続可能な発展の経済システムのエッセンスを、経済成長と比べながら検討してきました。そしてGDPという指標を取り上げ、そこに欠けているものを見てきました。

最後に確認したいのですが、本章は経済成長の量の大小の良し悪しを言ってきたのではありません。問題にしてきたのは、むしろ経済成長の**質**をどう考えるか、ということなのです。例えば「その経済成長は将来世代の発展を犠牲にしていないか?」、「その経済成長は外部不経済を引き起こしていないか?」、「その経済成長の恩恵は富裕層だけにしか行き渡っていないのではないか?」といった問いはすべて、経済成長の量ではなく質に関する問いです。そしてGDPはその質を測れない、と述べてきたのでした。「脱成長かグリーン成長か?」というような問いは、経済成長の量ではなく質の観点から考えなくてはならない――これが、持続可能な発展概念のメッセージです。

また本章は、「経済成長は善か悪か」を議論してきたのではありません。経済成長はあくまで手段であり、ウェルビーイングの実現という目的を実現できるのかどうかが肝要なのです。そしてそのことを改めて問うたのが持続可能な発展概念だったのだ、と説明したわけです。

したがって重要なのは、脱成長派にもグリーン成長派にも言えることですが、これら量的・質的な問いを常に多方面から投げかけることです。そうしてはじめて、経済成長のあるべき姿が見えてくるからです。量的な問いにしか関心を向けなかったり、個別の質的な問いを投げかけて経済成長批判に成功した気になっていたりするならば、まさに「群盲象を評す」の謂そのものだと言わざるを得ません。

第2章　それぞれが頑張れば問題は解決？

——環境ガバナンスの基礎理論

人間社会を支配している様々な法則のなかで、他よりも際立って明晰に思われるものが一つある。すなわち、もし人々が文明人であろうとすれば、諸条件の平等が増大するのと同じ比率で、互いに交際するわざが発達進歩しなければならない。

——アレクシス・ド・トクヴィル『アメリカの民主政治』

1　コモンズ、そして環境ガバナンス――「みんなのもの」をどう守るか

生態系サービスの経済的性質

本章は、これから説明する**コモンズ**、そしてそこから発展した**環境ガバナンス**という二つの概念を通じて、環境の守り方のようなものを考える知識をご紹介していきます。

手始めに、「どうすれば生態系サービスは守れるのか」という、抽象的かつ根本的な問いから出発しましょう。環境と経済という視点に立つならば、その答えを知る手がかりは、生態系サービスの**経済的性質**に隠されています。生態系サービスがどんな性質を持つのかが分かれば、生態系サービスをどのように守るべきなのかが浮かび上がってくるからです。

まず、市場で売買されるサービスは基本的にそれを欲する人に提供されますが、生態系サービスはそれを必要とする人に提供されなくてはなりません。生態系サービスがないと人は生存できませんので、必要なのに手に入らないという事態はあってはならないのです。ここから示唆されるのは、**環境権**（人々が良好な環境を享受する権利）の重要性です。

次に、生態系サービスの多くは環境そのものから生み出されますが、中には環境と人間の**歴史的相互作用**を通じて生み出されるケースもあります(Miyanaga and Shimada, 2018)。例えば日本の里山は、人間の手が入ることではじめて維持できる自然です(第5章で詳述します)。したがって里山の生態系サービスを守るには、単に環境を守るのではなく、環境と人間の関係性を守るという視点が不可欠になります。人間は生態系サービスの使い手であるだけでなく、時に作り手にもなるのです。

さらに、生態系サービスの中には、いったん失われると回復させるのに莫大な費用がかかる、あるいは二度と手に入らないというケースも少なくありません。市場で購入する一般的なサービスのように、もしA社が倒産してもB社に乗りかえればよい、とはいかない場合もあるのです。環境破壊が起きてからその対策を考える**対症療法**よりも、環境破壊が起きないようにする**予防的取り組み**の方が政策的な優先順位が高いのです(第3章などで具体的に議論します)。

コモンプール財

そしてもう一つ、生態系サービスには重要な経済的性質があります。それは、しばしば**コモンプール財**の性質を持つということです。

コモンプール財というのは経済学の専門用語です。経済学では、**競合性**と**排除性**の有無にし

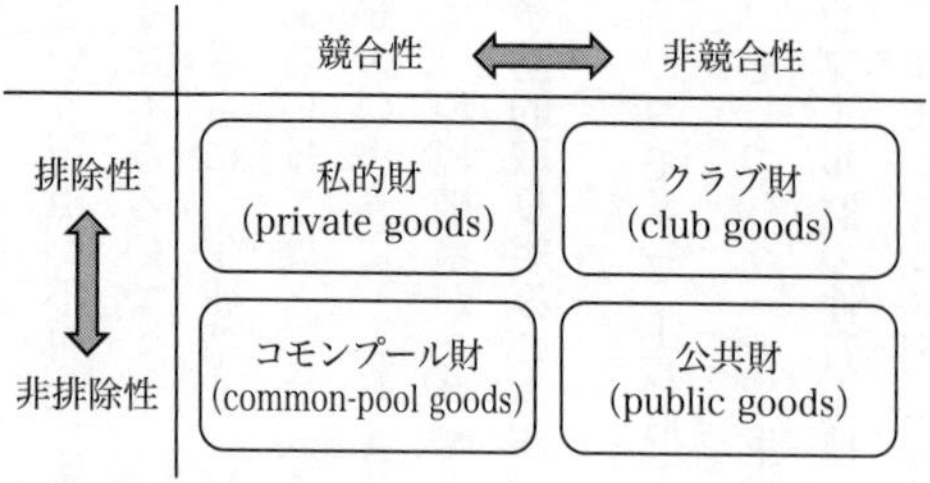

出典：筆者作成

図表 2-1　経済学による財・サービスの分類とコモンプール財

たがって、財やサービスを四つに分類するのが一般的です(図表2-1)。

Aさんが利用するとBさんは利用できなくなるという財・サービスの性質のことを、**競合性**といいます。食べ物は、誰かが食べてしまうと他の人はそれを食べられませんので、競合性の高い財です。一方で科学的知識のように、Aさんが利用した分だけBさんが利用できる量が減る、という現象が起きない財もあります(**非競合性**)。

そして、対価を払ったAさんのみに利用を許し、払っていないBさんの利用を容易に排除できるという財・サービスの性質が、**排除性**です。映画館の入り口で入場券をチェックできる映画は、排除性の高いサービスです。それに対して、夏祭りの打ち上げ花火は、お金を払った人だけが見られるようにすることが難しいサービスです(**非排除性**)。

コモンプール財は、競合性と非排除性を有する財・サービス、すなわちAさんが利用するとBさんは利用できなくなる、にもかかわらずAさんやBさんをはじめ不特定多数の人が自由に利用できてしまうような財・サービスです。その帰結は、分かりやすく言えば**混雑現象**であり、生態系サービスのケースだと環境破壊現象です。水産資源や地下水資源は、誰かが採取すれば(短期的には)その分だけ減少しますし、勝手な採取を防ぐには莫大なモニタリング費用がかかってしまいます。そんな資源が過剰利用や枯渇のリスクと隣り合わせであることは、容易にご想像いただけるのではないでしょうか。

「コモンズの悲劇」とその批判

そんな性質を有するコモンプール財は、どのような仕組みや制度のもとであればうまく管理できるのか?——本章が議論したいのはこのような問いです。そこで参照するのが**コモンズ**という概念なのですが、まずは概念の歴史から振り返りましょう。

もともとコモンズは、イギリスに古くからある共同放牧地を指す、一般にはほとんどなじみのない言葉でした。そんな状況を一変させ、世界中の人々の間で一躍有名な言葉にしたのが、生物学者ギャレット・ハーディンの「コモンズの悲劇(The Tragedy of the Commons)」という論文です(Hardin, 1968)。

牛飼いたちが皆好きなように利用できる牧草地があったとしましょう(ハーディンはそんな牧草地をコモンズと呼びます)。彼らは自らの利益を最大化しようと放牧を拡大しますので、その牧草地は過放牧となって荒廃し、結果として彼らはみな廃業に追い込まれます。こうした事態を、ハーディンは**コモンズの悲劇**と表現します。悲劇の原因は牧草地の所有権が曖昧だったことにある、したがって問題解決のためには、牧草地を分割して私有地化するか(市場による解決)、あるいは逆に国有地化して自由な利用を禁じるか(政府による解決)のどちらかしかない――これがハーディンの結論でした。

しかしハーディンの主張は、その後多くの反論を受けます。例えば論文公刊後、さまざまな研究者が世界各地でコモンズの実態調査を展開した結果、管理がうまくいっているコモンズも多数存在することが分かりました。その中には、日本の**入会**《いりあい》も含まれます。入会とは、森林をはじめとする自然を村あるいは村々間で共用・共有する制度のことで、中世以来の長い歴史を持っています(三俣・齋藤、2022)。

加えて、ハーディンの論文には所有権をめぐる誤認があり、彼がコモンズと呼んでいたものは実はコモンズではなかったことも明らかになりました(Ciriacy-Wantrup and Bishop, 1975)。イギリスのコモンズは、ある限られた一定のメンバーが共同で所有権を有し、そのメンバーのみに資源利用が認められるという、共有(common property)の仕組みを採用していました(日本の入会も同様)。しかしハーディンが論文で取り上げたのは、そもそも所有権が存在しない、誰のものでもない(unowned)資源でした。つまり、コモンズとは元来**みんなのもの**であるにもかかわらず、ハーディンはそれを**誰のものでもないもの**と誤解していたのです。そのような資源は、コモンズと区別する意味で現在ではオープンアクセス資源などと呼ばれています。

オストロムのコモンズ論

コモンズの悲劇を回避するには、市場による解決か政府による解決のどちらかしかない——そんな通説に挑戦を試み、現代コモンズ論の礎を築いたのが**エリノア・オストロム**(Elinor Ostrom, 1933–2012)という研究者です。彼女は、本書に登場する諸人物の中でも最重要の存在であり、この先名前が頻出しますので、ここでしっかり記憶にとどめていただきたいと思います。

エリノア・オストロム
(写真提供：嶋田大作氏)

まずオストロムは「資源そのもの」と「資源を管理する仕組みや制度」を峻別し、前者を**コモンプール資源**と呼ぶことを提唱します。もちろんこれは、コモンプール財を念頭に置いた命名です。また後者の仕組みや制度については、所有だけでなく利用や管理の局面も射程に入れ、荒廃するコモンズとそうでないコモンズとを分ける制度的要因を分析します。その結果、市場でも政府でもない第三のシステム、例えば地域コミュニティのような仕組みのもとで、コモンプール資源が**自発的な協力**を通じて維持管理されるための条件を解明したのです（Ostrom, 1990＝2022）。それ以降、コモンズという言葉は、**コモンプール財とその管理の仕組みや制度**をまとめて指す言葉として定式化され、現在に至ります。

コモンズから環境ガバナンスへ——「みんなのもの」再考

しかし同時に、彼女の枠組みだけでは解き明かせない問題も増えていきます。

オストロムの枠組みが想定しているのは、基本的にローカルレベルのコモンプール資源やその管理の仕組み・制度であり、管理に関わる主体もその地域内の主体が念頭に置かれています。しかし資源管理の実際の現場では、政府のような地域外の主体も関与し、地域内の主体と連携・協力するケースがあります。それがうまくいけば問題ないのですが、主体間の異質性・多様性が高まると自発的な協力は難しくなりますし、管理の仕組みや制度も変わらざるを得ません。それに、ナショナルレベル、グローバルレベルのコモンプール財の場合、その空間的大きさもあって、主体同士の自発的な協力はほぼ期待薄です。しかも近年は、持続可能な発展の実現という課題が浮上しているわけですが、これはオストロムの枠組みが想定する資源管理や環境保全のようなテーマの射程を大きく超えるものです。

以上のような状況でコモンプール資源を守ろうと思えば、その管理の仕組みや制度には、以下のような三つの条件が必要になると考えられます。こうした条件を踏まえた環境保全のやり方を、本書では**環境ガバナンス**と呼んでおきましょう。

①政府、企業、NPO・NGOといった多様な主体の存在

コモンズを取り巻く主体間の異質性・多様性が増す中、「みんなのもの」と言った時の「みんな」という言葉の再定義が必要になっています。そんな異質性・多様性に富む各主体は、例えば**政府**、**企業**、**NPO・NGO**（サードセクター）の三つに分けることができます。こういった主体が「みんな」の中の一員として、コモンプール資源を守る仕組みや制度を担えるようなシステムが必要です。

②主体間の連携・協力の存在

「みんな」の異質性・多様性が増すのみでは、自発的な協力が困難になって終わるだけであり、コモンプール資源は守れません。異質性・多様性に富む各主体の間でも成立する**連携・協力**の姿、そしてその成立条件を新たに解明する必要があります。

③目標としての持続可能な発展

コモンプール資源を守る仕組みや制度を多様な主体が担い、さらに主体間の連携・協力も実現したその先に、私たちはいったいどんな社会ビジョンを描けばよいのでしょうか？ それは単なる資源管理や環境保全ではなく、**持続可能な発展**だと考えられます。

2 ガバナンス――「社会の舵取り」とその背景

そもそもガバナンスとは？

ところで、環境ガバナンスと言った時の**ガバナンス**という言葉には、いったいどんな意味があるのでしょうか？

ガバナンス(governance)という名詞は、「統治する」「管理する」といった意味の動詞、govern から来ています。そして govern のルーツは、ギリシャ語の *kuberman* やラテン語の *gubernare* に遡ります。これらは**「舵を取る」**という意味の言葉です。

ガバナンス(舵取り)は、現代では主に次の二つの問題領域において用いられます。

一つ目は、**組織(とりわけ株式会社)**の舵取りで、**コーポレートガバナンス**(corporate governance)と呼ばれるものです。19世紀以降、資本主義の発達とともに株式会社制度が普及する過程で新たに浮上したのが、「所有と経営の分離」という問題です。所有者(つまり株主)の利害と経営陣の利害が乖離する可能性が出てきたので、株主は自分たちの集合的利益(例えば株主価値)を実現させるべく、経営陣をコントロールする仕組み(取締役会や監査役会など)を作り上げます。それがコーポレートガバナンスであり、ESG(第1章参照)の〝G〟に相当するものです。

株式会社を一艘の船に例えると、経営陣は漕ぎ手、株主は舵取りと見なせます。株主から経営を任された経営陣は船を漕ぐわけですが、そこで船主である株主が舵取りを務めなければ、船は海を彷徨って目的地に到達することはできない、と考えるのです。

二つ目は、**社会**の舵取りです。現代社会は、性質や利害を異にするさまざまな主体で構成されますが、同時に彼らには共通する集合的利益もあります。本書のテーマで言えば、生存基盤であり社会経済活動基盤である環境を守ることです。そんな社会の舵取りを行い、集合的利益を実現させる仕組みや制度が必要です。それがなければ、各主体がバラバラに船を漕ぐ社会という船は、これまた海を彷徨ってしまい、いつまでも目的地に到達できないからです。

ガバナンスと政府(ガバメント)

株式会社の場合、その舵取りは基本的に株主が行うのでした。では社会の舵取りは、誰がど

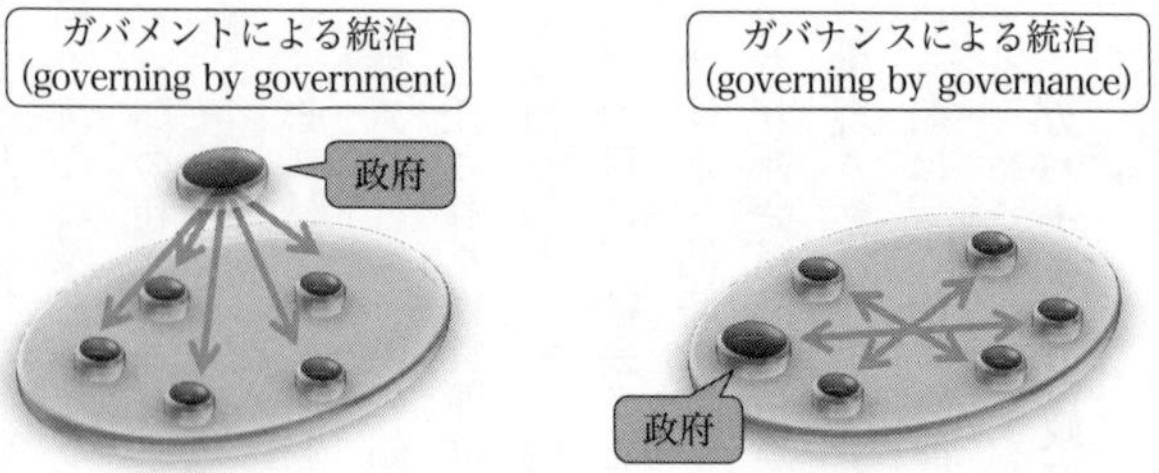

出典：筆者作成

図表 2-2　統治の二つのスタイル

のように行えばよいのでしょうか？　たちまち思い浮かぶのは**政府**という主体、そして**統治**という方法です。そのやり方には、大きく分けて次の二つのスタイルがあります（図表2-2）。

第一のスタイルは、**ガバメントによる統治**です。

政府が自らの権力や権限をバックに垂直的関係の中で社会を統治し、それを通じて社会全体の目的を実現するというのが、このスタイルです。社会を船に例えるなら、この統治スタイルにおける政府は「漕ぎ手兼舵取り」のような存在です。そしてそれ以外の社会の主体（企業やNPO・NGO、あるいは国民一人ひとり）は、言わば乗客です。選挙で政治家を選んだらあとは彼らに政治を委ねる有権者、そして税金を納めたらあとは政府に公共サービスの提供を任せる納税者のようなイメージに近いかもしれません。

第二のスタイルは、**ガバナンスによる統治**です。

政府以外のさまざまな主体も統治に参加し、なおかつ政府を含むあらゆる主体が水平的な相互作用を通じて連携する中で、社会全体の目的が実現していくイメージです。このスタイルでは、政府は舵取りに活動の比重を移す一方で、先ほどは乗客だった主体たちが新たに漕ぎ手を担うほか、場合によっては舵取りも担います。

社会の舵取りの文脈で「ガバナンス」と言った場合、この第二のスタイルのことを指します。そして、組織の舵取りのコーポレートガバナンスと区別するために、**パブリックガバナンス**（ソーシャルガバナンスとも）と呼ばれます。「環境ガバナンス」と言った時のガバナンスという言葉も、基本的にはこのパブリックガバナンスを指します。

ガバナンス論の研究課題

もしかしたらみなさんの中には、第一のスタイルは**大きな政府論**（福祉国家）、そして第二のスタイルは**小さな政府論**（新自由主義国家）の単なる焼き直しではないか、と思った方もいるかもしれません。確かに、ガバナンス論が登場した１９８０年から90年代は、グローバリゼーションが飛躍的に進み、国境をまたぐ政治経済活動が常態化し、政府の役割や機能の再検討の機運が高まった時代でした。その影響もあって、初期のガバナンス論は「ガバメントからガバナンスへ」「ガバメントなきガバナンス」といった主張とそれへの反論、という形で展開します。

しかし近年のガバナンス論は、「ガバナンス」「ガバナンスの具体的なメカニズムやプロセス」「ガバナンスが成立・機能する条件(メタガバナンス)」「ガバナンスにおけるガバメントの役割・機能」といったテーマが研究の主題になっています。実際の政府の統治活動は二つのスタイルのハイブリッドであり、両者の二分法に基づく分析は現実味が乏しくなっていることもその一因です。

ガバナンスの背景① 政府

ではなぜ、ガバナンスのようなスタイルが登場し、注目を集めたのでしょうか? その背景としては、**政府**という主体を取り巻く状況の変化を摑まえる必要があります。具体的には、政府単独では対処できない複雑な社会問題が増えたこと、政府の社会問題解決能力に対する疑念が高まったこと、政府の失敗の克服手段としてガバナンスに期待が集まったことなどが挙げられるでしょう(これらは相互に関連しています)。一例として、チョコレート生産にともなう環境問題を考えてみます。

ここで仮に、原材料のカカオを栽培する畑を広げるために、発展途上国の熱帯林が大規模伐採されていたとしましょう。そんな熱帯林を保全する一つの方法は、発展途上国政府による開発規制です。しかし、その発展途上国政府に規制の意思がなければそもそも規制は実施されませんし、かといって他国の政府が代行するわけにもいきません。

また仮に規制が実施されたとしても、おそらくチョコレートメーカーはカカオの調達先を規制未実施の別の発展途上国に移すだけでしょうから、地球全体で見ると熱帯林の伐採は無くなりません。そして、カカオ生産で生計を立てていたその発展途上国の農民や先住民が失業して終わるだけかもしれません。

あるいは他には、そんな環境破壊型チョコレートに他国の政府が輸入制限をかける、というやり方も考えられます。しかしその場合は貿易ルールの国際交渉が必要となり、国益や各種利害の調整をめぐって大きな困難が予想されます。

このようなケースでは、政府に代わって企業やNPO・NGOが新たな漕ぎ手として力を発揮してくれるかもしれません。チョコレートを製造する多国籍企業(時に発展途上国政府を凌駕する経済規模を誇る)が自発的に熱帯林保全に取り組んだり(CSR)、環境保全型カカオやチョコレートの仕入れ・販売を行う事業者が増えたり(フェアトレード)、国益や私益から切り離されたNPO・NGOが環境保全型チョコレートの認証制度を運営したりすれば、船は前に進んで目的地に向かってくれるかもしれないからです。

現代社会における環境政策の主役は、基本的には政府です。しかし同時に、「政府は環境に係る最重要の意思決定主体ではないし、またそうなることもできない」(Armitage et al, 2012)という局面もまた、確実に生まれているのです。

ガバナンスの背景② 企業

さらに、**企業**を取り巻く状況の変化も見逃せません。以下示すように、企業もまた他の主体との連携・協力を必要としているのです。

すでに説明したように、コーポレートガバナンスは株主が企業を舵取りする仕組みです。しかし企業の舵取りは株主である、と決めてかかることについては疑問の声もあります。松下電器産業(現在のパナソニックホールディングス)の創業者、松下幸之助(1894-1989)は「企業は社会の公器である」という有名な言葉を残しています。公器、つまり「みんなの器」に盛られている料理はみんなのものであり、それをみんなでいただくのだ——それこそが企業経営の本質であり、株主や経営陣は器や料理を自分だけのものと勘違いしてはならない、と戒めているのです。

このような考えを極限まで突き詰めていけば、企業は「株主のもの」ではなく、それ以外の**ステークホルダー**を含む「みんなのもの」と考える発想に至るでしょう。そしてコーポレートガバナンスは、株主以外のステークホルダーも舵取りに加わり、経営陣をコントロールする仕組みとして理解されることになるはずです。ちなみにステークホルダーとは、「組織の目的達成に影響を与える、もしくは与えられる、すべての個人・団体」(Freeman, 1984)を指す、経営学の専門用語です。

ガバナンスの背景③　ＮＰＯ・ＮＧＯ

ＮＰＯ・ＮＧＯを取り巻く状況の中にも、ガバナンスの背景を見出すことができます。一般にＮＰＯ・ＮＧＯという主体は、**公益**の実現を目的として活動します（あるいは少なくともそのように想定されています）。つまり、個々人にとっての利益（私益）や、特定多数の人々にとっての利益（共益）ではなく、不特定多数の人々（あるいは社会全体）にとっての利益を追求するのです。

しかしＮＰＯ・ＮＧＯが自らの力だけで、掲げる公益を実現できるケースは皆無と言っていいでしょう。ヒト・モノ・カネの不足はＮＰＯ・ＮＧＯの慢性的な悩みです。日本ではＮＰＯ・ＮＧＯは寄付やボランティアの主要な受け皿になれていないのが現状ですし、事業収益も一部の活動分野を除いては低調です。

これらの解決は、一義的には組織マネジメントの課題ですが、政府や企業との連携・協力（**パートナーシップ**や**協働**と呼ばれます）も解決の一助となる可能性があります（小田切、２０１４、坂本編、２０１７）。ガバナンスが成立する背景には、ＮＰＯ・ＮＧＯの側の事情もあるのです。

3　ふたたび環境ガバナンスについて

集合行為論としての環境ガバナンス論

ここまで、コモンズ論とガバナンス論という議論の系譜に沿って、環境ガバナンス概念をご紹介してきました。実はここには、本書なりの意図があります。というのは、これら二つには**集合行為問題**という社会科学の一大研究テーマを扱っているという共通点があるからです。

組織でも社会でもいいのですが、それを構成するメンバーにとっての**個別利益**と、メンバー全員に共通する全体にとっての**集合的利益**は、必ずしも一致するとは限りません。集合行為問題とは、そのような現象を指す専門用語です。そしてその構造を解明したり、両立に向けた仕組みやプロセスを考えたりするのが、集合行為論と呼ばれる研究領域です。

集合行為問題の視点から見れば、環境ガバナンスが直面する最も基本的な問いは、次のように書き表せるでしょう――「政府、企業、NPO・NGOといった各主体は、どうすれば自発的に連携・協力し、生態系サービスという集合的利益を守ることができるのか?」。各主体が**それぞれができることを頑張る**のではなく、**それぞれが頑張るだけでは解決できない問題に協**

力して取り組むやり方を考えよう、というのが環境ガバナンスの発想なのです。「とにかく一人ひとりが頑張ろう」と声を掛け合うような環境政策(?)は、環境ガバナンスの考え方とは似て非なるものです。

ちなみにこの集合行為問題は、**社会科学の根本問題**と呼んでも差し支えないテーマです。

例えば17世紀の偉大な政治学者、トマス・ホッブズの主著『リヴァイアサン』では、自然状態(国家成立前の状態)において人々は自らの生命を守るために他者と争い続ける、と想定されています(「万人の万人に対する闘争」)。そこでホッブズが考案したのが、社会契約によって国家なる権力装置を作り出し、集合的利益を確保するという方法だったわけです。

また18世紀の偉大な経済学者、アダム・スミスの主著『国富論』では、市場を通じた分業と公正な自由競争が実現すれば、各々の利益追求は社会全体の利益推進(国富の増大)につながる、と主張されています。

環境ガバナンス論もこうした社会科学の本流の系譜を受け継いでいるのだ、などと吹聴するつもりは微塵もありませんが、水脈のつながりみたいなものは感じていただけたのではないでしょうか。

アンブレラタームとしての環境ガバナンス

ここまでの議論をもとに、環境ガバナンスを定義してみましょう――「企業、政府、NPO・NGOといった各主体が連携・協力して環境問題の解決に取り組み、持続可能な発展の実現を目指すガバナンスの仕組み」である、と。

ただ、環境ガバナンスの完全無欠な定義を追求しても実りは少ない、というのが本書の立場です。環境ガバナンス論は何か単一の理論があるわけではないので、関連する概念や枠組みをいくつか組み合わせながら議論することになります。本章で私が参照したのは主に集合行為論の系譜(コモンズ論とガバナンス論)でしたが、それ以外の枠組みを使えば、環境ガバナンスの定義も自ずと変わってくるからです。

それよりも、環境ガバナンスという言葉を通じて語られているものを理解する方が、はるかに重要です。つまり環境ガバナンスを**アンブレラターム**、つまり傘のような存在ととらえ、その傘の下にある諸要素に注目するわけです。それは、「ガバメントとガバナンス」、「非政府主体」、「主体間の水平的相互作用」、「資源管理」、「環境保全」、「持続可能な発展」といった、これまで紹介してきたトピックなのです。

第3章

日本はリサイクル先進国だから大丈夫？
——ごみ問題と循環型社会

良いことをするのは、良い方法を考えるより千倍たやすい。
——シャルル・ド・モンテスキュー『法の精神』

1　ごみ問題の構造――循環型社会とは何か

ごみ問題をどう考えるか？

本章のテーマは**ごみ問題**ですが、最初に次の点を心に留めてほしいと思います。

まず、ごみを「ごみ」と一括りにしてはいけない、ということです（植田、２０００）。ごみを減らすには、まずどんなごみがどれくらい生じているのか、つまりごみの内訳を知ることが大切になります。そうすれば、今後ごみをどのように減らしていけばよいのか、具体的な道筋が浮かび上がってくるはずだからです。

そして、「ごみ」だけをごみと考えてはいけない、ということです。環境学者の末石冨太郎氏は、かつてこんなエピソードを紹介しています（末石、１９７５）。飛行機に乗った末石氏は、眼下に大阪の街並みが見えた時にふとこう思ったそうです――「大変だ、これはみなごみだ」。都市というところは、土木構造物や自動車といったさまざまなモノで溢れていますが、それらはすべていつかごみになります。すべてのモノがごみ予備軍なのだとすれば、今度は「ごみとごみでないものを分かつのは何か」、「ごみでないものが「ごみ」になるのはどんな場合か」が問われます。

日本の廃棄物処理システム

「ごみ」という文字とひたすら睨めっこしても、ごみ問題の構造は見えてきません。そこでまず、日本の廃棄物処理システムの概要から摑まえておきましょう。その中核に位置するのは、廃棄物の処理及び清掃に関する法律（通称：**廃掃法**《はいそうほう》）という法律です。

同法は、廃棄物を大きく**一般廃棄物**（通称：一廃《いっぱい》）と**産業廃棄物**（通称：産廃《さんぱい》）の二種類に分けています。そして一般廃棄物は、さらに家庭系一般廃棄物と事業系一般廃棄物という二種類に分けるのが通例になっています。家庭から出る紙ごみは家庭系一廃、オフィスから出る古紙は事業系一廃といった具合です。

そして廃掃法は廃棄物の処理方法についても定めており、まず一廃については市町村がその処理責任を負うこととしています。家庭系一廃であれば、一般的には収集運搬から分別保管・中間処理（焼却や破砕）を経て、最終処分（埋め立て）もしくは再資源化へ、という一連の流れから構成されているのですが、それらを市町村が責任をもって実施すべきことが定められています。

ちなみに一廃の焼却施設や最終処分場は、中心市街地から離れた人目のつきにくい場所に立地していることが多く、ほとんどの人は普段気にすることはありません。加えて、あまり知られていないことですが、関西二府四県エリアの場合、最終処分に回る廃棄物の一部は大阪湾広域臨海環境整備センター（通称：大阪湾フェニックスセンター）というところに運ばれ、大阪湾や瀬戸内海の埋め立てに用いられています。みなさんも、家から出たごみがどこに運ばれ、どこに辿り着くのか、機会があればぜひ一度自分で調べてみてください。

一方で産廃の処理責任は、排出事業者自身が負うことになっています。ただ実際は、産廃の収集・運搬・処分を専門とする処理業者と契約を結び、処理してもらうのが一般的です。

なお、国際的に見た日本の廃棄物処理システムの特徴として、**焼却処理**への依存度の高さがしばしば挙げられます。人口が稠密で国土の狭い日本にとって、いかに埋め立て処分量を減らし、最終処分場を延命させるかは大きな課題ですが、焼却処理の普及がそれに貢献してきたのは間違いありません。ちなみに、最終処分場の延命に貢献してきたもう一つの大きな要因は、**リサイクル**の推進でした。これについてはあとで詳しく議論します。

ごみが映し出す日本の社会と経済

次に、日本のごみの内訳を見ていきましょう。本章冒頭で述べたように、どんなごみがどれくらい生じているのかが分かれば、ごみを減らすための具体的な方策が見えてくるからです。

まずは、家庭系一廃を取り上げましょう。一例として京都市の２０２０(令和２)年における家庭ごみ組成データを見ると、湿重量比(乾燥前の水分を含んだ状態での重量で見た比)で最も多くを占めるのは食料品でした(40・1%)。つまり、家庭ごみの半分弱は料理くずや食べ残しなのであり、このことは**食品ロス(フードロス)**問題への取り組みの重要性を示唆しています。

次に容積比のデータの方で見ると、食料品の割合は大きく低下し(10・1%)、代わってトップに躍り出るのは**容器包装材**です(49・1%)。この「かさ張る」という点が容器包装ごみの大きな特徴なのですが、それが何を意味するのかについては後述します。

次に産廃を見てみましょう。日本全体の２０１９(令和元)年度の排出量データに基づき、その内訳を見てみると、上位三つは「汚泥《おでい》(44・3%)」、「動物のふん尿(20・9%)」、「がれき類(15・3%)」となっています。以下、順番に説明します。

第一位の**汚泥**ですが、その多くは下水処理場から出る下水汚泥です。下水管を通じて下水処理場に集められた汚水は、沈殿や微生物による分解を通じて浄化され、そこから川や海に放流されるわけですが、浄化の過程で水を含んだ大量の泥つまり汚泥が発生します。日本は高度経済成長期以降、膨大な公費を投じて下水道の普及を図ってきました。その結果、水質はかなり改善されましたが、汚泥という産廃が増えたというわけです。

次に第二位の**動物のふん尿**は、そのほとんどが畜産業等から排出される畜産廃棄物です。これまた高度経済成長期以降、日本人の食生活の欧米化によって肉類の消費量が飛躍的に伸びた結果、大量発生が悩みの種になっています。

そして第三位の**がれき類**は、建設廃棄物のうちの一つで、住宅やビル、土木構造物を解体する時に出るコンクリートくずやアスファルトくずのことを指しています。高度経済成長期以降、日本は多くの建物や土木構造物を整備してきました。それから半世紀あまりが経ち、それらの建て替えや更新の時期が続いていることから、建設廃棄物の発生量は今後もしばらく高止まりすることが予想されます。

このように、産廃の発生元を辿っていくと、高度経済成長期から形成されてきた私たちの衣食住のあり方に行き着きます。産廃は、少なくとも量的な観点からは、実は私たちの生活との関わりが無視できないことに注意を促しておきたいと思います。

食品ロス問題について

ここで少し脇道に入り、前節で登場した**食品ロス**問題について簡単に触れておきます。

２０１９年に世界全体で9億３１００万トンの食品ロスが発生しており、これは世界の食料生産のおよそ17％に相当します（UNEP, 2021）。驚くことに、世界の食料の二割近くは食べられずに捨てられているのです。日本では、農林水産省の調べによると、２０２０（令和２）年度で

522万トンの食品ロスが出ており、内訳としては、家庭系食品ロスが247万トン、事業系食品ロスが275万トンとなっています。事業系でみなさんがイメージするのは、おそらくコンビニの売れ残りのようなケース(食品小売業)かもしれませんが、データで見ると食品製造業や外食産業の方が多いという結果になっています。

ではそもそも、食品ロスはなぜ問題なのでしょうか? 環境問題という本書のテーマ関連で言うと、食料を生産するには何が必要かを考えればすぐ分かります。

食料を生産するには、まず**土地**が必要です。FAO(国際連合食糧農業機関)の統計によると、1961年から2018年の間に世界の耕地面積は約26%も拡大しています。まさに人新世を象徴する土地利用の劇的な変化ですが、その犠牲になったものの一つが**森林**でした。野生動植物の生育の場の提供をはじめ、森林は多くの重要な機能を有していますが、それが急速に失われているのです。

そして、食料生産には**水資源**も必要です。農業用水の需要が高まり、世界各地で水資源開発が進んだ結果、水資源の枯渇や水生態系の悪化が顕在化しています。さらには、**化学肥料**や**農薬**の使用も食料増産に貢献してきました。しかし化学肥料に含まれる窒素は土壌劣化や地下水汚染、水の富栄養化を引き起こしますし、農薬の大量使用は生態系に悪影響を及ぼします。

人類にとって食料は必需品であり、それなくしては生存できませんから、食料生産の手を緩めるわけにはいきません。そんな中、既述のような多大な環境面の犠牲を払って、ようやく手に入れた食料です。にもかかわらず、人類はその二割近くを、食品ロスという形で無駄に捨てているわけです。

ごみ問題とは「ごみがたくさん出ること」ではない

それではふたたび、本題のごみ問題に戻りましょう。

家でリンゴを食べ、芯の部分がごみになったとします。でもそれは土の中に埋めておけば、しばらくしたら微生物によって分解され、自然の循環へとふたたび戻っていきます。ちなみにその自然循環は、長い時間的スケールで見た場合の地球規模の循環の一部を成しており、例えば炭素循環・窒素循環・リン循環というように、個々の元素や物質の循環として把握することが可能です(専門用語で「生物地球化学的循環」と言います)。

このように環境には、モノを分解して自然に還す**シンク**(吸収源)としての機能が備わっています。したがって、出されたごみの量や質がシンクの能力の範囲内に収まっている限り、基本的にごみは発生しません。

しかし、能力を超える量のごみが生じた場合、あるいは、そもそも能力の対象外で自然に還らないごみが生じた場合、私たちが暮らす地域(そして地球)はごみで溢れてしまいます。

もしかしたらみなさんは、ごみ問題とは「ごみがたくさん出ること」だと思っていたかもしれません。しかし以上のように考えるならば、**自然循環の輪の中に物質循環が収まらなくなること**と表現できるでしょう。そして**循環**という言葉が、ごみ問題のキーワードであることが見えてくるはずです。それに対して「ごみがたくさん出ること」であるという言い方は、「自然循環の輪の中に物質循環が収まらなくなること」の帰結を表しているに過ぎず、人々が「ごみ」と呼んでいるモノの現象面だけに注目した表現と言うべきです。

循環型社会とその成立条件

自然循環の輪の中に物質循環が収まらなくなってごみ問題が起こるのだとすれば、自然循環の輪の中に物質循環が収まるような社会を創るというのが、ごみ問題解決に向けた基本的な戦略になるはずです。そのような社会は、**循環型社会**と呼ばれています。

では、どうすれば循環型社会を実現できるのでしょうか？　重要なのは、①物質が循環する、②物質循環の輪が自然循環に収まる、の二点を意識することです（図表3−1）。以下、詳しく見ていきましょう。

まず①ですが、循環型社会実現の前提として、物質自体が循環する必要があります。そこで欠かせないのが、廃棄されたごみがふたたび資源として生まれ変わり、原材料として生産に利

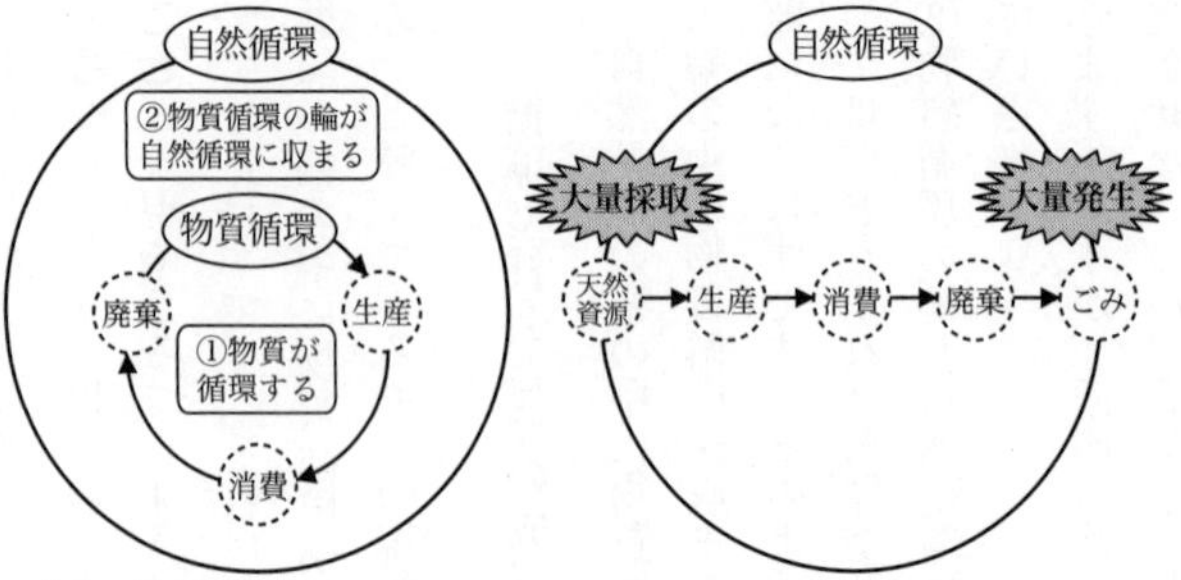

出典：筆者作成

図表 3-1　循環型社会(左)と非循環型社会(右)

用されるというように、モノが**生産—消費—廃棄**という円に沿って循環するような経済システムです。

それに対して非循環型社会では、「原材料として利用しきれないくらいごみが出る」、「ごみを原材料として利用したくても経済的に割に合わず利用が進まない」、「そもそも原材料として利用できないようなごみが出る」といった状況が支配的です。そのため、原材料の調達を天然資源の大量採取に依存したり、ごみを「ごみ」として大量に処分したりする状況が続いているわけです。生産—消費—廃棄が円を描かず一方向に並び、そこをモノが流れていく、**大量生産・大量消費・大量廃棄**の経済システムです。

そして②ですが、物質循環の輪の大きさには自ずと限界があり、自然循環という容器の枠を超えることはできません(図表3-1)。そしてその容器の大きさは、環境が持つシンク・ソースの能力に規定されます。ちなみにソース(供給源)、つまり生態系サービスというフローを生み出すストックの機能については、第1章で説明しました。

環境のシンク能力に限界があるのと同様、ソース能力も無限ではありません。枯渇性資源は、採取を続ければ文字通りいつか枯渇しますし、再生可能資源もその再生速度を超えて採取していけば、やはり枯渇してしまうからです。このように、大量生産・大量消費・大量廃棄の経済システムとは、環境が持つシンク・ソースの機能に負荷をかけ続けるシステムでもあります。

無用な「ごみ」と有用な「資源」は、一見すると対極的な存在です。しかし循環という視点、そしてシンクとソースという概念を身に付ければ、ごみ(問題)と資源(問題)はコインの裏表の関係であることが分かるはずです。ごみ(問題)を議論することは資源(問題)を議論することでもあるのです。

2 リサイクルだけで循環型社会は実現できない
——プラスチックごみ問題から考える

日本は世界一のリサイクル先進国?

ごみをふたたび資源として蘇らせ、原材料として生産に利用する方法として、みなさんがイメージしたのは**リサイクル**だったのではないでしょうか? ここで少しだけ、日本のリサイクルシステムについて見ておきましょう。

高度経済成長期、「三種の神器」と呼ばれた家電（テレビ・洗濯機・冷蔵庫）や自動車の普及を受け、ごみの量的拡大と質的変化が一挙に加速します。これらは焼却処理できませんので、当時は破砕して埋め立てるくらいしか処理方法がありませんでした。1990年、瀬戸内海に浮かぶ豊島《てしま》（香川県）という小さな島で90万トンを超える大量の産業廃棄物不法投棄が発覚したのですが、その多くは自動車由来のシュレッダーダスト（金属などの有価物を取り出した後の廃自動車を破砕・焼却したごみ）と呼ばれるものでした。それは、大量生産・大量消費・大量廃棄型の経済システムが持つ矛盾のようなものを人々に感じさせる事件でした。

しかし現在、家電や自動車は法律によってリサイクルが義務化されています。例えば家電リサイクル法（1998）ではテレビ、冷蔵庫・冷凍庫、エアコン、洗濯機・衣類乾燥機のリサイクルが、そして自動車リサイクル法（2002）ではシュレッダーダスト、エアバッグ類、フロン類の適正処理と自動車のリサイクルが、それぞれ推進されています。このような状況もあって、「日本は世界一のリサイクル先進国」との自負を持つ人も少なくありません。

しかし、リサイクルを軸としたごみ問題対応には課題も多く、循環型社会の実現には及んでいません。そのことを、プラスチックごみ問題を事例に見ていきましょう。

プラスチックの基礎知識

プラスチックは、原油から生成されたナフサが主原料です。油田から採掘された原油はまず石油精製工場へ運ばれ、ガソリン・灯油・軽油・重油などが取り出されるのですが、その時に同時に生まれる副生成物がナフサです。ナフサはエチレンやプロピレンといった石油化学基礎製品へと変えられ、そこからプラスチックをはじめとするさまざまな工業製品が作られます。

プラスチックは現代人にはすっかりおなじみの素材ですが、生産量のうち最大の割合を占めるのが、ペットボトルや食品トレイといった**容器包装材**です。なおプラスチック容器包装材は、私たち消費者にとって身近な存在であるだけでなく、生産者や流通業者にとっても重要な存在です。もしプラスチック容器包装材がなければ、品物の大量保管や大量流通もできず、大量生産・大量消費・大量廃棄経済システムも実現していなかったことでしょう。

ちなみにプラスチック生産のうち、容器包装材に次ぐ割合を占めるのが**建設**です。実はプラスチックは、建材や型枠として建設現場で大量に使用されているのです。さらにその次に来るのが**繊維**です。現代の衣服の多くは、ナイロンやアクリルでできた化学繊維から作られているからです。このように、建設やアパレル・ファッションもまた、プラスチック問題と深く関わる業界なのだということは、これを機にぜひ知っておいてほしいと思います。

ただ人類は、20世紀半ばまでプラスチックをほとんど使っていませんでした。プラスチックは人新世の象徴的素材だと言えるでしょう。もちろんそれ以前にも、セルロイドやベークライトといった種類のプラスチックがあったのですが、量としては少なく、さらに原料もナフサではありませんでした。あとこれらは熱硬化性樹脂と言って、熱を加えると固くなり、二度と柔らかくならないタイプのプラスチックです。それに対して現在のプラスチックの主流は熱可塑《かそ》性樹脂と呼ばれるもので、熱を加えると柔らかくなり、冷ますと固まる性質を持っています。

では20世紀半ば以降、なぜプラスチックはこれほどまでに普及したのでしょうか? 直接的には、ナフサという副生成物を有用物に変えることに成功した石油化学のおかげですが、本書の立場から見てより重要なのは、市場で流通するための諸条件をプラスチックが兼ね備えるに至ったからです。軽くて丈夫で加工もしやすい、水を防ぐし空気も電気もほぼ通さない、にもかかわらずコストが安い……こんな素晴らしい素材は、プラスチックの他に存在しません。まさに夢の素材と言うべき、人間にとっていいことずくめの存在です。

プラスチックごみ問題

しかし皮肉なことに、そんなプラスチックがさまざまな問題を引き起こしています。

そのうち最も知られているのが、**海洋流出プラスチックごみ問題**でしょう。ウミガメや鳥が餌と間違ってプラスチックごみを食べてしまう問題は、今やメディアやＳＮＳを通じて広く知られています。プラスチックには、軽くて丈夫という、人間にとって素晴らしい性質がありま す。しかしそれは裏を返せば、雨が降るとすぐ水に流されてそのまま自然界に長くとどまるということです。人間以外の生物にとっては、プラスチックは悪いことずくめの存在なのです。

そして、海岸や川岸の**漂着ごみ問題**です。漂着ごみの多くはプラスチックごみであり、容器包装やペットボトルの他には、漁業用の漁具（ブイや網）なども見つかっています。この漂着ごみ問題は、日本のように長大な海岸線を持つ島国では大きな悩みの種です。景観を損ねるといったレベルを軽く超え、観光業そのものが成り立たなくなる惨状が各地で起きています。また、海洋流出プラスチックごみが波や紫外線によって直径５ｍｍ以下の微細な粒子（**マイクロプラスチック**）へと変化し、海洋生態系に悪影響を与える問題も、広く知られるようになってきました。

さらに、プラスチックを製品にする際、ナフサ以外のさまざまな化学物質を添加するのが一般的です。プラスチックを柔らかくして加工しやすくする可塑剤、紫外線劣化を抑える紫外線吸収剤などがその代表ですが、これらには環境ホルモンの作用や生殖毒性を持つものも含まれるなど、生態系リスクが懸念されています。

リサイクルは循環型社会づくりの万能薬ではない

さあ、ここでリサイクルの出番だ！――そう考えた人も多いのではないでしょうか。容器包装ごみであれば、きちんと分別回収してリサイクルできるはずです。そうしてごみを資源に変えられれば、プラスチックが自然循環の輪の中に入る心配もありませんし、循環型社会や持続可能な発展の実現に向けた道のりも見えてくることでしょう。

事実、日本には**容器包装リサイクル法**（**容リ法**）という法律があり、プラスチック容器包装ごみのリサイクルも基本的にはその仕組みに基づいて行われています。そのポイントは、ペットボトルやプラスチック容器包装を製造・利用する、「特定事業者」と呼ばれる業者に再商品化の義務を課している点にあります。とは言っても、実際には各特定事業者がバラバラに再商品化事業を実施しているわけではありません。国レベルで指定法人（公益財団法人日本容器包装リサイクル協会）を立ち上げ、そこが再商品化事業を行うこととし、各特定事業者はその費用を負担することを通じて義務を果たす、というのが基本的な仕組みです。そして消費者は分別排出を、市町村は分別回収を担当するというように、事業者・消費者・市町村で役割分担しながらリサイクルを促す、というのが容リ法の主な趣旨です。

しかし残念ながら、リサイクルは循環型社会づくりの万能薬ではありません。そのことについて、ふたたびプラスチックごみを例にしながら見ていきましょう。

膨れ上がる市町村の費用負担

家庭から出たプラスチック容器包装ごみは、多くの自治体では分別回収され、パッカー車（ごみ収集車）によって収集運搬されます。このパッカー車が、曜日ごとに転々と収集エリアを変えながら、毎日たくさん地域内を走り回っている絵を想像してみてください。その過程で膨大な燃料費と人件費が費やされている姿が浮かび上がるはずです。そして集めたプラスチック容器包装ごみは、再商品化事業者に引き渡すまでに、広大なスペースを用意してそこで保管しなくてはなりません。すでに述べたように、家庭系一廃の分別回収は市町村の担当ですので、それらの原資はすべて私たちが納めた税金です。

このような事態をもたらしている要因は、言うまでもなくプラスチック容器包装ごみがたくさん出ることにあるわけですが、他には容器包装ごみ自体の性質も関係しています。すでに述べたように、家庭ごみを容積比で見た場合、内訳で一番を占めているのは容器包装ごみなのでした。なぜパッカー車の大量配備や保管スペースの大量確保が必要なのか？――それは、容器包装ごみが「かさ張る」からなのです。

加えて、さらに重要なのは次の点です。容リ法のもと、特定事業者は確かに相応の再商品化

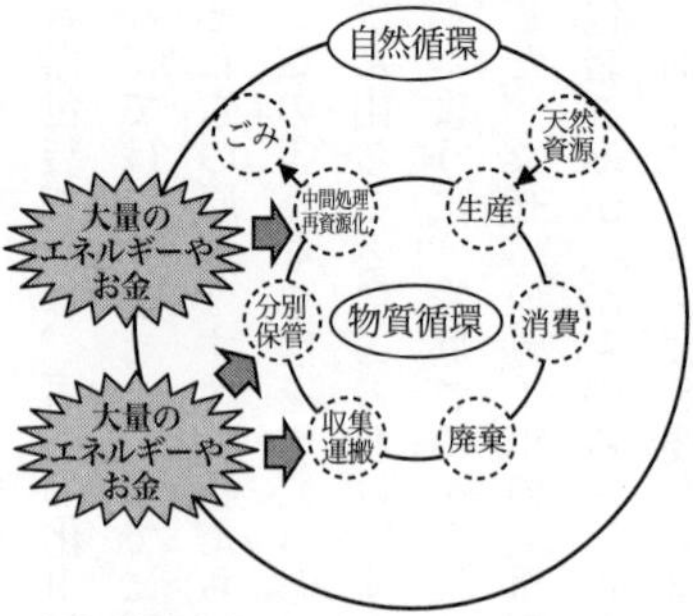

出典：筆者作成

図表 3-2　リサイクルを軸とした循環型社会

費用を負担しているものの、一連のリサイクルの過程で最も費用がかかるのはその再商品化の部分ではなく、実は市町村が担っている**収集運搬**や**保管**の部分なのです。

ちなみに容リ法が特定事業者に費用負担を課しているのは、容器包装材の排出削減インセンティヴを与えるためでもあります。容器包装材の製造や利用を止めれば、その事業者は再商品化費用を負担せずに済むからです。しかしその負担の水準は低く、排出削減インセンティヴが十分発揮されるには至っていないのです。

しかも現状では、消費者の排出削減インセンティヴもほとんど働いていません。家で分別さえしておけば、あとは市町村が無償で収集してくれるからです。これでは、たとえ消費者が頑張ってごみを削減しても、せいぜい指定袋の購入代金分が浮くくらいです。

こうして見ると、リサイクルを軸とした循環型社会というのは、生産者も消費者もごみ排出を削減しようというインセンティヴが働かないまま、代わりに大量のエネルギーやお金を投入して、物質循環を何とか自然循環の輪の中に収めている社会なのだということが分かるでしょう(図表3-2)。問題は、これが持続可能な発展の経済システムとして、文字通り持続可能なやり方なのかどうかということです。

リサイクルにもいろんな種類がある

一口で「リサイクル」と言っても、実はさまざまな種類のリサイクルがあり、しばしば次の三つに分類されます。

まず、ごみをそのまま原料として再利用する**マテリアルリサイクル**です。ペットボトルであれば、それを破砕・加工して卵パックやぬいぐるみの中身として使う、といったイメージです。みなさんがイメージする「リサイクル」に最も近い方法だと思われますが、これを繰り返し続けると、次第に素材としての劣化が進んでいくという難点があります。

次に、ごみを化学的に処理してから原料として再利用する**ケミカルリサイクル**です。例えばペットボトルごみからペットボトルを作ろうとした場合(ボトルtoボトル)、マテリアルリサイクルでは素材の劣化が起きてしまうので、実現は非常に困難です。それに対してケミカルリサイクルでは、ペットボトルごみをいったん化学的に分解してから利用するので、劣化の心配はありません。しかし、マテリアルリサイクルに比べて大規模で高度な工場施設が必要になり、さらにエネルギーもたくさん投入しなくてはならないなど、コストは大幅にかさんでしまいます。

最後に、ごみを焼却してそこから回収した熱エネルギーを利用する**サーマルリサイクル**です。ごみ焼却施設に併設されている温水プール、ごみ焼却施設に発電装置を備え付けて行うごみ発電などをイメージしてください。またプラスチックごみは、紙ごみなどと混ぜて固形燃料(RPF)を作るのに使われるケースもあるのですが、これもサーマルリサイクルの一つです。

このサーマルリサイクルは果たして「リサイクル」と言えるのだろうかと、不思議に感じた人もいるかもしれません。しかし汚れが激しかったり分別が不徹底だったりするプラスチック容器包装ごみでも、サーマルリサイクルなら気にせず利用できますので、一概に否定することはできません。ただ他方で、燃焼による二酸化炭素排出は地球温暖化を助長しますし、ごみ発電にしても発電効率(熱エネルギーを電気エネルギーに変換する割合)は高々10%強しかないなど、決して手放しでは喜べないやり方です。

そしてここが重要なのですが、実は日本のリサイクルの半分以上がこのサーマルリサイクルなのです。「日本は世界一のリサイクル先進国」と誇る日本人がしばしばいるわけですが、その内実は「サーマルリサイクル先進国」なのだ、ということはぜひ知っておいてください。

バイオマスプラスチックと生分解性プラスチック

みなさんの中には、**バイオマスプラスチック**や**生分解性プラスチック**が問題解決の切り札になるのではないか、と考えた人がいるかもしれません。トウモロコシやサトウキビなどの**バイオマス**（生物由来の有機物資源）でできたバイオマスプラスチックなら石油を使わずに済み、燃やしてもカーボンニュートラル（次章で説明します）なので地球温暖化を助長する心配もなさそうです。そして自然界で分解する生分解性プラスチックであれば、ウミガメや鳥が飲み込む心配もありません。現在はまだ高コストですが、低価格化して普及が進めばいずれレジ袋有料化なども不要になるのではないか……こういった具合です。

しかし残念ながら、未解決の問題が残されています。まずバイオマスプラスチックですが、トウモロコシやサトウキビを利用しようとすれば、食料や家畜飼料との競合を避けなければなりません。そして生分解性プラスチックですが、生分解の速度は気温などの環境条件によって大きく変わりますので、数日で分解して消え去るというイメージは誤解を生みやすいと言えます。あと、これらのプラスチックにも可塑剤が使われるケースがあるのですが、その可塑剤がしばしば石油で作られることはあまり知られていません。

行き詰まった国際リサイクル

日本で出たプラスチックごみは、実は日本国内だけでリサイクルされてきたわけではありません。それに加え、日本はそれを資源として海外に大量に**輸出**してきた歴史があります。日本では焼却やリサイクルが最終処分場の延命に寄与してきた、とすでに述べたところですが、この輸出もまた見逃せない要因なのです。

プラスチックごみの最大の輸出先は中国でした。中国は国内の資源不足を補うために、1980年代以降海外からプラスチックごみや鉄くずを積極的に輸入してきたのです。しかしその中国では、プラスチックごみの処理工場周辺で生活環境悪化や健康被害が顕在化するようになります。加えて、急速な経済成長の過程でその中国自身も大量のプラスチックごみを生み出すようになるという変化もありました。こうした事態を背景に、2017〜18年に中国はプラスチックごみの輸入を禁止します。そして、マレーシアやインドネシア、ベトナムなども同様の措置を取るなど、海外に依存してきた日本のプラスチックごみリサイクルシステムは完全に曲がり角にきています。

ごみヒエラルキー――循環型社会づくりの手段には優先順位がある

では私たちは、こうしたリサイクルの諸現実からいかなる教訓を学ぶべきなのでしょうか？それは、大量生産・大量消費・大量廃棄の経済システムを与件と見なし、出てきたごみを処理するという発想に立つリサイクルは問題の根本解決にならず、必ずどこかで歪みが出てきてしまうという点です。循環型社会づくりイコールリサイクル、という通念からいよいよ訣別すべき時期に来ています。

そこで有用になるのが、循環型社会づくりの手段にはリサイクルの他にもさまざま存在し、しかもそれらの間には政策上の優先順位が存在する、という考え方です。中でも有名なのは**3R（スリーアール）**、つまり「リデュース・リユース・リサイクル」ではないでしょうか？プラスチックで言えば、プラスチックの使用を前提とするリサイクルよりも、プラスチックの使用そのものを減らすリデュースの方が、取り組みの優先順位は高いということです。

加えて近年は、３Ｒからさらに細分化された**ごみヒエラルキー（waste hierarchy）**という概念も登場しています（図表3-3）。３Ｒと比べた時の特徴として、リデュース（Ｒ２）の前に、例えばそもそも使用せずに済ませるリフューズ（Ｒ０）が強調されています。また、「共有経済」や「サービスとしての製品」といった取り組み（Ｒ１）、あるいは製品や部品の寿命を延ばすためのさまざまな方法（Ｒ４〜Ｒ７）の存在も見えてきます（これらは次節で具体的に紹介します）。そしてサーマルリサイクル（Ｒ９）は、リサイクル（Ｒ８）とは別の熱回収として位置づけられ、優

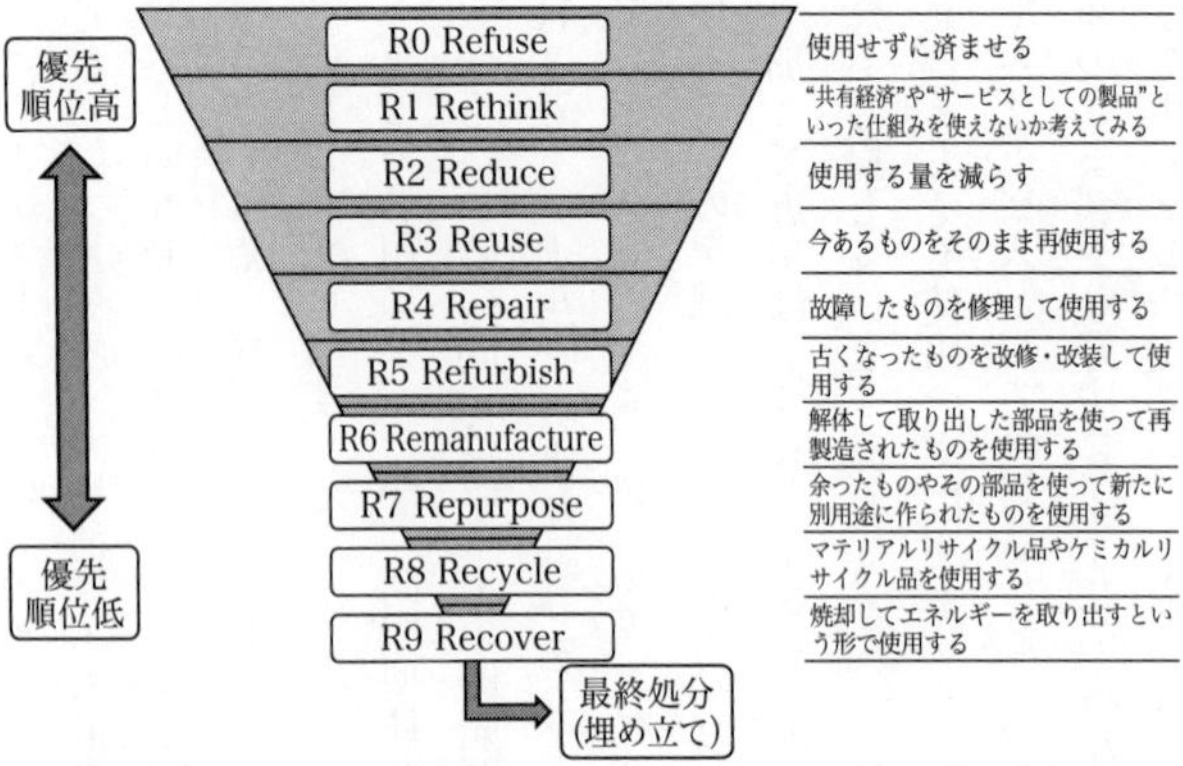
優先
順位高
優先
順位低
R0 Refuse
R1 Rethink
R2 Reduce
R3 Reuse
R4 Repair
R5 Refurbish
R6 Remanufacture
R7 Repurpose
R8 Recycle
R9 Recover
最終処分
(埋め立て)
使用せずに済ませる
"共有経済"や"サービスとしての製品"といった仕組みを使えないか考えてみる
使用する量を減らす
今あるものをそのまま再使用する
故障したものを修理して使用する
古くなったものを改修・改装して使用する
解体して取り出した部品を使って再製造されたものを使用する
余ったものやその部品を使って新たに別用途に作られたものを使用する
マテリアルリサイクル品やケミカルリサイクル品を使用する
焼却してエネルギーを取り出すという形で使用する

出典：Kirchherr et al., 2017. Hirsch and Schempp ed. 2020. を参考に筆者作成

図表3–3　ごみヒエラルキー

先順位も一番低くなっています。

なおこうしたアプローチをプラスチックに適用すると、リデュース（R2）やリフューズ（R0）を柱とする**脱プラスチック**という考え方に行き着きます。2020（令和2）年7月から始まったレジ袋有料化に加え、2021（令和3）年6月には**プラスチック資源循環法**という法律もでき、プラスチック製のストロー、コンビニなどで提供されるプラスチック製のフォーク・スプーン・ナイフ（カトラリー）、ホテルで提供されるプラスチック製の櫛や歯ブラシ（アメニティグッズ）などについても、削減の取り組みが義務付けられることになりました。モノをプラスチックで提供するという行為そのものが問い直される、新たなビジネス時代の幕開けです。

3　循環型社会とサーキュラーエコノミー

サーキュラーエコノミー――循環型社会の経済システム

ここ最近、循環型社会づくりを構想するキー概念の地位に躍り出た感があるのが、**サーキュラーエコノミー（循環経済）**という言葉です。生産・消費・廃棄がループするビジネスモデルを意味するこの言葉は、生産・消費・廃棄が一方向に進むリニアエコノミー（線形経済）に代わる、これからの持続可能な発展の経済システムを担う仕組みとして打ち出されています。

この言葉は、２０１５年あたりから注目を集め始めました。中でもとりわけ関心が高いのがビジネス界であり、最近は世界経済フォーラム（ダボス会議）のような場でも頻繁に取り上げられるようになっています。サーキュラーエコノミーのビジネスモデルとしては、次の五つがよく知られています（Lacy and Rutqvist, 2015＝2019）。

①循環型サプライチェーン

再生不能で有害な原材料を削減し（Ｒ２）、代わりに再生可能で生分解性の原材料を活用するようなケースです。例えばアパレル・ファッション業界では、そのような取り組みを一つの柱とする、サステナブルファッションというムーブメントが起きつつあります（世界のプラスチック生産の第三位が繊維だったことを思い出してください）。

②回収とリサイクル

使用後の製品から部品や素材を回収して再利用する（R6）ようなケースです。使用後の家電製品や電子機器から貴金属やレアメタルを回収する取り組みなどが該当しますが、日本ではそれを表現する際、しばしば**都市鉱山**という言葉が使われます。都市には大量の貴金属やレアメタルが家電製品や電子機器の形で散在していますので、都市全体を鉱山に見立てて、それを活用していこうというわけです。一見すると荒唐無稽なアイディアに映るかもしれませんが、実は家電製品や電子機器における成分比は鉱石品位よりも高く、さらに鉱石から精製錬するのに比べてエネルギーも少なくて済むなど、有望なアプローチとして期待が高まっています。

③製品寿命の延長

最近の電気自動車の中には、購入後にもし「バッテリー容量を増やしたい」、「カーナビを新たにつけたい」と思ったら、車載デバイスにワンタッチして課金すればすぐ実現できるものがあります。それはまるで、スマートフォンに新たなアプリを気軽にダウンロードするかのようであり、「自動車の家電化」を感じさせるサービスです。このような形で欲しい特性や機能を気軽に入手し、まだ使える製品に修理やアップグレードを施す（R4、R5）ことができれば、製品寿命の延長や資源の節約が進みます。

④シェアリングプラットフォーム

あるモノを所有する人と、その利用を希望する人の間で貸し借りや共有を行う経済のことを**シェアリングエコノミー（共有経済）**と言い、そんな人々を結びつける場や仕組みのことを**シェアリングプラットフォーム**と言います。モノの貸し借りや共有は昔から行われていたことですが、近年はデジタル技術の発達により、大規模かつ簡便な取引を可能にするシェアリングプラットフォームが誕生しています。

家庭にあるモノの八割近くは、一カ月に一回も使われていないと言われています。しかしシェアリングプラットフォームの利用がもっと広まれば、従来のモノの購入や使用のパターンが変わり、資源の節約につながることが期待されます（R1）。

⑤サービスとしての製品

企業がモノ自体を販売するのではなく、モノが生み出すサービスや機能を販売するようなケースです。シェアリングエコノミーもそうなのですが、**所有と利用の分離**が大きな特徴です。最も分かりやすい例は、サブスクリプションサービス（サブスク）でしょう。例えばネットフリックス（Netflix）に加入すれば、DVDソフトというモノをわざわざ購入して所有せずとも、ドラマや映画を視聴できます。三〇代以上の読者ならイメージしやすいと思いますが、ビデオやDVDの時代と比べてプラスチックや資源の大幅節約が実現しています（R1）。

サーキュラーエコノミーから学ぶべきこと

サーキュラーエコノミーのアイディアや実践から学ぶべきは、次のような点です。

まず、ごみを資源に変える取り組みは、これまでは主に環境問題の解決という視点から議論されていたのに対し、サーキュラーエコノミーはその経済的な意味を前面に押し出すという特徴があります。発展途上国を中心に人口増加と経済成長が進み、世界的な資源需要増が確実視される中、今後どう資源の確保を図っていくのか——これは環境のソース機能に関する問題であると同時に、企業にとっての経営課題でもあります。そして環境のシンク機能についても、最終処分場のひっ迫が進み、それが廃棄物処理コストの上昇となって跳ね返ってくれば、これまた企業にとっての経営課題となります。このようにサーキュラーエコノミーは、将来の経営課題を見越して新たなビジネスモデルをいち早く確立し、他社との競争に打ち勝って市場での生き残りを図るという、**経営戦略**のツールとしての側面が強く意識されています。

したがってサーキュラーエコノミーは、環境政策と産業政策の**政策統合**を行うためのコンセプトツールとしても理解できるでしょう。環境のソース・シンクとしての機能を守る環境政策と、企業競争力の向上や新産業の創出を図る産業政策をバラバラに展開するのではなく、統合的にやろうというわけです。もしこのように考えるならば、すでに紹介したごみヒエラルキーも、単なる環境政策上の原則を超え、循環型社会における企業経営指針といった意味合いも帯びることになるでしょう。

またサーキュラーエコノミーは、循環型社会づくりに向けた経済ビジョンについて再考するきっかけを与えてくれています。

人新世に生きる私たちは、今の経済の仕組みや構造を与件とし、経済が成長してごみが増えたら憂い、逆に経済が停滞してごみが減ったらぬか喜びする、といった思考が染みついています。確かに経済が停滞したらごみは減りますが、それはまったく問題の解決になっていません。経済が成長すればまたごみが増えるからです。問題は、そんな構図を生んでいる経済の仕組みや構造それ自体にある——サーキュラーエコノミーはそのことを改めて認識させてくれるとともに、持続可能な発展の経済システムが向かうべき方向性も示してくれました。

サーキュラーエコノミーと日本の課題

ただサーキュラーエコノミーは、それだけでは抽象的な経済モデルに過ぎません。日本という国や各地域にどう落とし込むかを具体的に考える必要があります。

容易に想像がつくように、都市部と離島部でサーキュラーエコノミーのビジョンがまったく同じであるはずがありません。例えばシェアリングエコノミーは、一定以上の人口規模・人口密度を有する都市部向きのビジネスモデルです。また、焼却やサーマルリサイクルといったやり方を前提として考えるのか、それともその変革も含めて議論するのかでは、結論はまったく変わってきます。いずれにせよ、サーキュラーエコノミーのビジョンに関する合意形成や共有のプロセスが必要になりますが、それを誰がどう担うべきかはまだ明確になっていません。

またしばしば勘違いされるのですが、サーキュラーエコノミーは、大量生産・大量消費・大量廃棄の経済システムを与件としたリサイクル一辺倒のビジネスアプローチではありません。その一因は、サーキュラー（循環）という言葉がどうしてもリサイクル（R8）を連想させてしまうからかもしれません。しかしサーキュラーエコノミーのビジネスモデルは、ごみヒエラルキーのより上位に位置する取り組みで占められていたことを思い出してください。そしてすでに強調したように「リサイクルを軸とした循環型社会」は大量のエネルギーとお金の投入を必要とするといった数々の問題を抱えており、その轍を踏まないようにしなければなりません。

4　循環型社会に向けた環境ガバナンス

コモンズ論から考える循環型社会

ではそろそろ、本章を締め括ることにしましょう。

循環型社会づくりの狙いの一つは、環境のソース機能を守ること、つまり資源の過剰採取や枯渇を防ぐことにあります。しかし考えてみると、それはコモンズ論の問題意識そのものです。資源を提供してくれる環境は「みんなのもの」です。でも資源を「自分のもの」として自由に採取し、過剰採取が進んでしまえば、「みんなのもの」である環境が破壊されます。

また循環型社会づくりは、環境のシンク機能を守ることも狙いの一つなのでした。「自分のもの」をどうしようが自分の自由なのだから、ごみとして捨てることも当然自由だ——そう考えられてしまうと、あらゆる種類のモノがごみとして大量に捨てられ、「みんなのもの」である環境が悪化してしまいます。

すると問題は「自分のもの」という考え方にあるのではないか、ということが見えてきます。この点、以下いくつかの例をもとに考えてみましょう。

ここで競合性（第2章を参照）のある財、つまり「Aさんが利用するとBさんは利用できなくなる」ような財を思い浮かべてみてください。そんな財を消費するには、それを「自分のもの」にする、つまり所有するしかないというのが一般的な想定です。

しかし、自動車や家電のような耐久消費財はどうでしょうか。Aさんが利用している間Bさんは利用できないのだから、競合性があるのは議論の余地がなさそうですが、少し注意が必要です。私たちが消費するのはあくまで耐久消費財が提供するサービスなのであって、耐久消費財そのものが消費されて消えてしまうわけではありません。耐久消費財そのものが維持されていれば、その間サービスの利用可能性は存続し続けます。そう考えれば、「Aさんが利用するとBさんは利用できなくなる」と簡単に決めつけるわけにもいかなそうです。

そこに目をつけ、耐久消費財を「みんなのもの」にする、つまり共有するという方法を取り入れたのがシェアリングエコノミーです。もちろん「自分のもの」だった時のようにいつでも自由に利用することはできませんが、時間をやりくりするなどうまく工夫すれば、そして費用との兼ね合いによっては、シェアリングエコノミーは十分成立し得ます。

また、「Aさんが利用するとBさんは利用できなくなる」という競合性の性質は、消費されるとその財は消えて無くなるということが実は暗黙の前提になっています。しかし人新世においては、消費後そのままごみに姿を変える、という財の方がむしろ多いくらいです。では、そのような財が取引される経済システムはどうあるべきなのでしょうか？　本書の答えは次のようになります――そのような財を「自分のもの」として市場で自由に売買し、なおかつ「みんなのもの」である環境も守りたいのであれば、リニアエコノミーではなくサーキュラーエコノミーの仕組みのもとで行わなければならない、と。

さらには、食料のような財についても、「みんなのもの」という考え方を適用できます。もちろん食料は、「Aさんが利用するとBさんは利用できなくなる」財の典型ですし、しかも耐久消費財とは違い、消費した瞬間にそのまま消えて無くなります(胃袋に入る)。財が提供するサービスを利用した瞬間に、財そのものが消滅するわけです。したがって、消費するには「自分のもの」にするしかないように思われます。

しかし、コモンズの悲劇における牧草地を「地球」に、そして牧草を「食料」に、それぞれ置き換えてみてください。食料を「自分のもの」と考えることの問題点がたちまち浮かび上がります。それに対して、地球上の食料を「みんなのもの」と見なし、その持続可能な生産や公正な分配について考える「コモンズとしての食」というアイディアが、近年のコモンズ論では登場しています。

以上、いくつかの例をもとに考察してみました。自分のものは果たして本当に「自分のもの」なのか？　自分のものを「自分のもの」にするにはどんな条件が必要なのか？　コモンズ論の視点を使うと、今まで気付かなかったことが見えてくるはずです。

循環型社会における企業の役割①　エンジニアリングチェーンの変容

循環型社会への移行にともない、環境ガバナンスの担い手の役割・機能も自ずと変容します。そのうち、最も大きい変化に直面するであろう**企業**という主体に焦点を当て、具体的に見ておきましょう。リニアエコノミーとサーキュラーエコノミーとでは、生産者である企業に求められることにどんな違いが生じるのでしょうか？

まず、製品を製造・販売して利益を上げることだけが関心事で、販売後の消費者の手に渡って以降のことは知らない、では済まされなくなります。そのような生産スタイルを温存し、大量のエネルギーやお金を投入して事後的に問題解決を図るやり方の問題は、図表3-2ですでに指摘したところです。

そうではなく、消費段階や廃棄段階のことを考慮しながら生産活動を行い、しわ寄せが行くのを防ぐというのが、サーキュラーエコノミーにおける企業に求められる役割です。言い換えれば、生産者の製品に対する責任が、消費後の段階まで拡大するということであり、専門用語で**拡大生産者責任(EPR, Extended Producer Responsibility)**と呼ばれています。

例えば都市鉱山のケースで、廃製品から金属を取り出しやすくするには、ネジや基板の数を減らして解体しやすいよう製品設計するなど、企業側の取り組みが必要です。つまり、都市鉱山を都市鉱山として使うには、資源の抽出コストを下げる努力が重要であり、それには生産者側の協力が不可欠なのです。さらには、シェアリングエコノミーや製品としてのサービスのように、そもそもモノではなくサービスとして製造・販売するという方法もあります。

いずれにせよ、勝負は製品企画段階からすでに始まっています。そこから製品設計、工程設計、そして生産に至る一連のプロセスのことを**エンジニアリングチェーン**と言いますが、そこでいかに**環境配慮設計(DfE, Design for Environment)**を具体化できるかが問われます。

ただ企業の多くは、拡大生産者責任や環境配慮設計といった言葉を見るとすぐコスト増を連想する傾向がまだ残っているように思われます。しかしまず、そもそもこのコストはこれまで他者に押し付けて済ませてきたコストであり、それはリニアエコノミーという仕組みのもとでのみ可能だったということを忘れるべきではありません。そして、これはコストではなく投資なのだと発想を転換することも重要です。それはすなわち、環境のシンク・ソース面の制約がますます高まっていく今後の経営環境を先取りした、経営戦略としての投資です。

循環型社会における企業の役割②　サプライチェーンの変容

サーキュラーエコノミーでは、エンジニアリングチェーンだけでなく**サプライチェーン**のあり方も変わります。サプライヤーから製造や流通を経て消費者へと至る通常のフォワードサプライチェーンと、消費から部品回収やリサイクルを経てふたたび生産へと至るリバースサプライチェーンとを統合した、クローズドループ・サプライチェーンへの変化です（開沼、2020）。

ちなみに日本では、フォワードサプライチェーンに相当する経済を**動脈経済**、リバースサプライチェーンに相当する経済を**静脈経済**と呼ぶことがあります。心臓から出ていく血液が動脈を通って全身に行き渡り、そこから静脈を通ってふたたび心臓に戻ってくるのを、モノの経済的な流れの比喩に用いているのです。

サーキュラーエコノミーへの移行によって大きく変わることの一つに、企業の原材料調達があります。業種業態ごとの違いはあれども、全体的な傾向としては、原材料を枯渇性の天然資源に大きく依存することは難しくなり、代わりに静脈経済を通じて回収資源やリサイクル資源を調達する局面が増えることでしょう。

問題は、そのような原材料の調達環境が天然資源のそれに比べ、価格・品質・安定供給・納期などの面で遜色ないものになっているかどうかです。その意味で、サーキュラーエコノミーの成否は静脈経済のパフォーマンスにかかっていると言えるでしょう。

例えば先ほど、都市鉱山を都市鉱山として利用するには資源の抽出コストが鍵になる、と述べましたが、それと並んでポイントになるのが実は資源の回収コストなのです。廃製品は市中に広く分散して存在していますので、それを利用するには、廃製品をいかに効率よく安価に集荷できるかにかかっているからです。

ではどうすれば静脈経済のパフォーマンスは向上するのでしょうか？　これについては、「市場に任せよ」というのも確かに一つの考え方でしょう。天然資源のひっ迫が進み、ごみが持つ資源としての潜在的な価値が高まっていけば、市場の価格システムの働きによって自ずと静脈経済の市場は機能し、担い手の産業も自然と育っていく、というわけです。しかし、静脈経済と動脈経済を同列に考えることはできません。以下述べるように、静脈経済の発展には各主体の意識的な努力が不可欠です。

まず重要になるのは、動脈側の協力です。ニワトリと卵の関係になってしまいますが、動脈経済が静脈経済のパフォーマンス向上を必要とするのと同様、静脈経済も動脈経済の協力を必要とするのです。天然資源の大量利用を前提としないエンジニアリングチェーンを動脈側の企業に構築してもらわなければ、静脈市場が大きく育つことはできません。また仮に、ある生産者の生産工程で出たごみを、別の生産者の工場で原材料としてリサイクル利用するケースを考えてみましょう。もしそのごみが単一の材質で構成され、量的にも一定のまとまりがあり、さらに異物も少ないということなら、買い手が比較的付きやすく、静脈市場も機能すると思われます。これもまた、ごみを出す側のエンジニアリングチェーン如何によって左右されます。

それに、静脈が発展していくには、法律上の課題もクリアする必要があります。静脈経済では、ごみと資源の間のグレーゾーンに位置するようなモノが流通する機会が増えます。それが資源であれば何の問題もないのですが、もし仮に廃掃法が定める「廃棄物」に該当するとなれば、収集や運搬を行う業者は廃掃法に基づく許認可を受けなければなりません。

このあたりは、廃掃法のより細かい内容やデリケートな運用技術が関連する部分であり、本書で詳しく説明する余裕はありません。ただ一つだけ指摘しておきたいのは、行政は今後サーキュラーエコノミー推進と廃棄物行政の間のジレンマに悩むかもしれない、ということです。日本で起きてきた産廃不法投棄事案の多くは、業者がごみを資源と偽って不正を働いていた、という共通した特徴があります。行政にとってサーキュラーエコノミーの推進は確かに重要な政策課題ですが、それと同時に、廃棄物処理システムもきちんと回して、不法投棄を見逃すような手痛い経験は二度と繰り返したくないとも考えているはずです。そこにジレンマが発生する可能性があります。

このジレンマの解消は一筋縄ではいきませんが、大量のモノが存在し、それがやがてごみになってしまう状況下では、多かれ少なかれ避けられないことだとも言えます。その意味で、モノへの依存そのものを減らしていく**脱物質化**を少しずつでも進めていくことの重要性は、強調してもし過ぎることはありません。

脱物質化などと言うと、どこかのユートピアの夢物語ではないかと思う人もいるかもしれません。しかし所有と利用を分離するビジネスモデルの活況にも見られるように、脱物質化というのはすでにある現実になりつつあります。そしてその脱物質化は、物質を循環させることだけに気を取られるのではなく、物質循環の輪の大きさにも注意を払う循環型社会づくりの要諦でもあります。

第4章

日本よりも中国・アメリカが頑張るべき?

——地球温暖化問題と脱炭素社会

悪魔でも聖書を引くことができる。身勝手な目的にな。

——ウィリアム・シェイクスピア『ヴェニスの商人』

1　脱炭素へ向かう世界

地球温暖化の基礎知識

２０２１年８月から２０２２年４月にかけて、ＩＰＣＣ（気候変動に関する政府間パネル）という国際機関が、地球温暖化に関する最新の知見をまとめた報告書を次々と公表しました（ＡＲ６ＷＧ１・ＡＲ６ＷＧ２・ＡＲ６ＷＧ３）。その内容に依拠しつつ、まずは地球温暖化の基礎知識から整理しておきましょう。

地球温暖化というのは、地球全体の平均気温上昇という現象を指す言葉です。ＩＰＣＣの分析によると、２００１年から２０２０年における世界平均気温は、１８５０年から１９００年と比べて0・99℃上昇しました。ちなみに「１８５０年から１９００年」というのは、産業革命が世界的に広がり始めた時代という意味合いが含まれています。

なお平均気温上昇の原因ですが、報告書には「人間の影響が大気、海洋及び陸域を温暖化させてきたことには疑う余地がない」と書かれています。地球は長い歴史の中で温暖期と寒冷期を繰り返しているのですが、その原因は火山や太陽といった自然活動でした。それに対して現在進行中の地球温暖化は、それとは明確に区別される**人為起源**によるものだというわけです。

そしてその人為起源とは、具体的には**温室効果ガス（GHG）**の大量排出を指しており、その大半を占めるのは、石炭や石油といった**化石燃料**の使用から生じる**二酸化炭素**です。産業革命以来、人類が莫大な石炭・石油を使って作り上げてきた経済システムの帰結が、現在の地球温暖化問題に他なりません。

では次に、将来に目を向けてみましょう。IPCCの予測によると、2081年から2100年の世界平均気温は、1850年から1900年と比べて、GHG排出が少ないシナリオで1・0〜1・8℃、GHG排出が中程度のシナリオで2・1〜3・5℃、そしてGHG排出が多いシナリオで3・3〜5・7℃上昇するとされています。

ではこのまま地球温暖化が進むと、どんな悪影響が生まれるのでしょうか？　最も懸念されているのは、地球規模の**気候変動**です。気候変動とは、具体的には極端な高温、大雨の頻度と強度、干ばつ、強い熱帯低気圧などが増加・増大することを指しています。そしてそれらが生態系の変化や水不足、洪水、感染症といった事象の発生リスクを高め、地球全体に広範囲で広がっていくと予測されています。

この日本でも、忍び寄る気候変動の足音を感じさせる出来事がいくつかあります。例えば

2019(令和元)年、二つの巨大な台風が連続して日本列島を襲ったのを覚えているでしょうか。最初の台風15号(9月7日〜9日)では、房総半島(千葉県)のほぼ全域が長期にわたり停電・断水しました。そして次の台風19号(10月6日〜12日)では、阿武隈川(福島県・宮城県)や千曲川(長野県)で堤防が決壊し、多数の死者・行方不明者が出ました。確かに日本は風水害が多い国ですが、これだけの甚大な被害をもたらすレベルの台風が連続してやってくるというのはあまり記憶にありません。

パリ協定の衝撃

もちろん人類も、地球温暖化の進行を黙って眺めていたわけではありません。1992年の地球サミット直前に開かれた国連総会で、気候変動に関する国際連合枠組条約(通称:**気候変動枠組条約**)が採択されます。そして1995年からは気候変動枠組条約締約国会議(COP, Conference of the Parties)が定期的に開催され、それ以降地球温暖化対策について議論を重ねています。ちなみに第3回の会議(COP3)は1997年に日本の京都で開かれ、当時の国別温室効果ガス削減数値目標を定めた**京都議定書**が採択されています。

地球温暖化の国際交渉の道のりは苦難の連続でした。会議のたびに複雑な利害対立が顕在化し、実効性のある数値目標や具体的な対策は合意できず、解決を先送りする事態を繰り返してきました。しかしその過程で各国が交渉の経験を重ね、科学的知見をもとに政治的合意を図ったり、小さな政治的合意を積み上げたりする方式に習熟していったこともまた事実です。

そしてそれが結実したのが、2015年11~12月のCOP21(フランス・パリ)で採択された**パリ協定**でした。本書執筆時点の私たちの地球温暖化対策の根本を定めているこのパリ協定について、その最も基本的な骨格だけを取り出し、①政策目標 ②政策手段 ③政策主体という三つの視点から整理すると以下のようになります。

①「2℃目標」と「1・5℃努力目標」

気候変動による悪影響を回避すべく、地球平均気温の上昇を産業革命以前の水準に比べて2℃未満に保つとともに(「2℃目標」)、さらに努力目標として1・5℃に抑えることを掲げました(「1・5℃努力目標」)。ただその後2021年に開かれたCOP26(イギリス・グラスゴー)では、「1・5℃を目標として追求することを決意する」と記した文書が合意され、本書執筆時点ではそれが2℃目標に代わる事実上の目標になっています。

②GHG排出を正味ゼロにする

今世紀後半に、地球全体で人為的なGHG排出と吸収をバランスさせるとしました。具体的には、まず人為起源のＧＨＧ排出を削減し、残った排出もシンクを活用した削減、例えば植林による二酸化炭素吸収、あるいは二酸化炭素を回収して地中や海中に貯留するＣＣＳという技術の活用などで相殺し、地球全体として排出量を**正味ゼロ**にするということです。

③すべての締約国がＧＨＧ排出削減努力を負う

先進国か発展途上国か等を問わず、**すべての締約国**がＧＨＧの排出削減努力を負うこととしました。各国はＮＤＣ（「国が決定する貢献」）と呼ばれる削減目標を作成し、条約事務局に提出します。そしてその実施に取り組んでいくわけですが、京都議定書とは異なり、削減目標について数値義務が課されているわけではなく、代わりに5年ごとに各国の進捗状況が評価されるプロセスが導入されています。

なお本書執筆時点において、各国から提出された削減目標をすべて足し合わせても、１・５℃達成に必要な削減量にはまったく届いていません。

さて、みなさんはこれを見てどう感じたでしょうか？　特に②は、かなり衝撃的です。ＧＨＧ排出正味ゼロのようなことを本当に実現しなければいけないのか、というより現実問題としてそもそも実現などできるのか等々、さまざまな思いが頭をよぎっているかもしれません。しかしこれこそが、パリに集った各国関係者や科学者たちが出した答えなのです。

ともかく私たち人類には、化石燃料依存から脱却し、二酸化炭素を排出しない社会を実現する(しかも相当迅速に)という、途方もない課題が突き付けられました。そのような社会は、パリ協定前あたりまでは低炭素社会といった呼び方が一般的でしたが、ここ最近は**脱炭素社会**という言葉に取って代わられました。こうなると、もはや我慢や工夫で問題を乗り切るといったレベルを軽く超え、環境と経済の関係構造を根本的に変革する持続可能な発展を追求していくことが不可避となります。

脱炭素社会への移行に向けて

では今後私たちは、二酸化炭素の排出削減をどのように進めていけばよいのでしょうか？ ここで思い出していただきたいのが、前の章で強調した「ごみを「ごみ」と一括りにしてはいけない」というフレーズです。地球温暖化問題においても、二酸化炭素を「二酸化炭素」と一括りにせず、どこの国からどれくらい排出されているのかを知ることが、脱炭素社会への移行戦略を考える第一歩となります。

図表4−1は世界の二酸化炭素排出割合を示したものですが、そこからは以下の重要な事実が浮かび上がってきます。

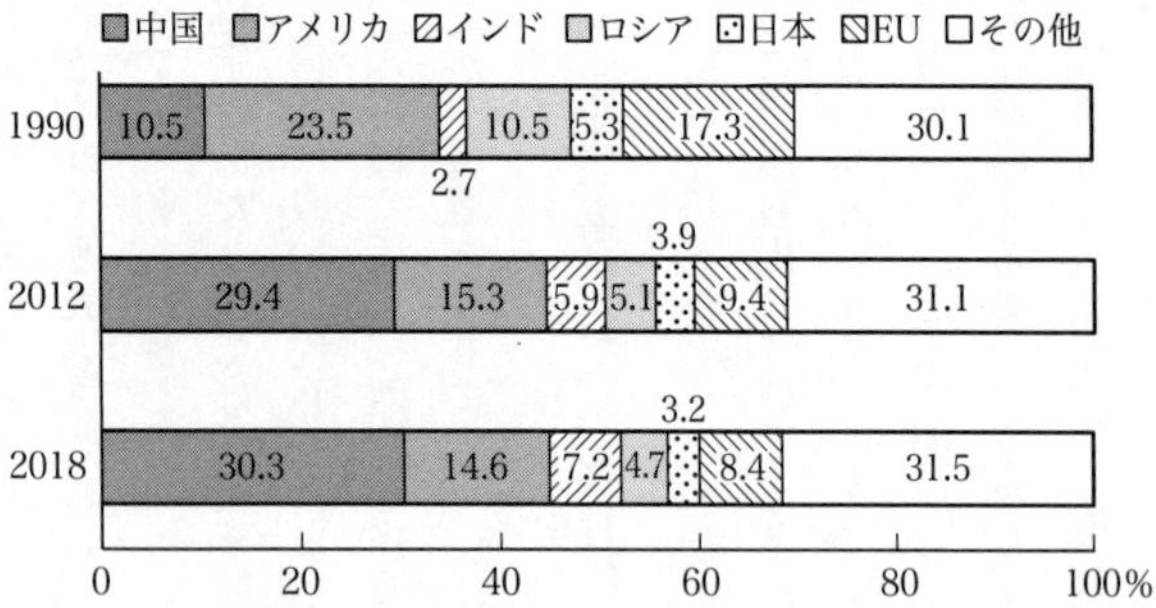

出典：世界銀行統計データより筆者作成

図表4-1 世界の二酸化炭素排出割合

まず、世界最大の排出国・**中国**と第二位・**アメリカ**の二カ国だけで、世界全体の排出量の四割以上を占めるという点です。つまり脱炭素社会への移行は、米中両国の取り組み抜きには実現できないことが分かります。

そして、先進国の排出割合が軒並み減少している一方、今後はそれ以外の国々（その多くは**発展途上国**）の割合が増えていく可能性があります。つまり、化石燃料に依存しない新しい経済成長や豊かさのモデル（＝持続可能な発展）を発展途上国で実現できるかどうかが、脱炭素社会への移行を目指す一つの試金石になるということです。

2　日本は脱炭素社会づくりにどう向き合うべきか？

チーム・マイナス100％⁉

ここまでは主に世界全体の話をしてきました。では次に日本へと視点を移しましょう。

ある時期までの日本は、産業界の自主努力や人々の「運動」が地球温暖化対策の柱という、国際的にはかなり特異な国でした。例えば２００５年から２００９年にかけて、「チーム・マイナス６％」というキャンペーンが展開されていました。これは、「２００８年から２０１２年の間にＧＨＧ排出量を１９９０年に比べて６％削減する」という当時の政府目標について、ある種の国民運動として達成しようというものでした。クールビズやウォームビズという言葉が人々の間で普及するのはこの頃です。

しかし現在、日本も脱炭素社会の旗を掲げるに至るなど、状況は大きく変わろうとしています。その出発点になったのが２０２０（令和２）年10月26日に行われた菅義偉首相（当時）の所信表明演説であり、そこでＧＨＧ排出量を２０５０年までに実質ゼロとするという目標が宣言されます（**２０５０年カーボンニュートラル宣言**）。「チーム・マイナス６％」ならぬ、「チーム・マイナス１００％」宣言です。

そして翌２０２１（令和３）年４月22日、菅義偉首相（当時）は政府の地球温暖化対策推進本部の会合で「２０３０年度のＧＨＧ排出量を13年度比で46％削減する」と突如表明します。それまでの公式目標は26％でしたが、それを大幅に上方修正し、しかも政治主導のトップダウンによる決定だったため、驚きをもって受け止められました。さらにその夜開かれたアメリカ主催の気候サミット(オンライン)でも、「50年の目標と整合的で、野心的な目標として30年度に46%削減を目指す」、「さらに50%の高みに向けて挑戦を続ける」と表明します。

本書の読者の多くは、このような方針について、基本的には賛同しているものと想像します。しかしここでもう一度図表4-1をご覧いただき、日本のデータをチェックしてみてください。日本の二酸化炭素排出量は世界全体のわずか3%程度でしかないことが分かると思います。したがって、みなさんの中にはこう考えた方もいるかもしれません――日本人が歯を食いしばってカーボンニュートラルを目指したところで本当に効果はあるのか? 日本経済の衰退が加速して終わるだけではないか? むしろ排出削減に真剣に向き合うべきは、中国やアメリカ、そして発展途上国なのではないか?

こうした意見は、地球温暖化問題が一国の努力だけでは解決できない地球環境問題であることの本質の一部を、確かに言い当てています。そして、かつてチーム・マイナス6%的な取り組みを主導していた人々も、おそらくこのような思考のもとにあったに違いありません。にもかかわらず本書は、日本は本格的に排出削減に取り組み、脱炭素社会への移行を目指すべきだという立場を取ります。その理由について、次の節で見ていきましょう。

日本が脱炭素社会づくりに本気で取り組むべき理由

最初の理由は、環境を守るためです。3%程度の排出でしかないのにいったいどういうことか、と不思議に思ったかもしれませんが、答えは以下の通りです。

図表4-1で示したのは国・地域別のデータでしたが、人口で割った国民一人当たり排出量の値で見てみると、実は日本は世界有数の排出大国です。加えて、図表4-1で示したのは単年度のデータ(フロー)でしたが、歴史的に見た累積排出量(ストック)の値で見ると、これまた日本は排出大国となっています。IPCCの分析によると、GHGの累積排出量の値こそが地球の平均気温上昇量を決めている、ということが明らかになっています。これらを踏まえるならば、日本の責任は小さいと断じることはできません。

そしてもう一つの理由は、経済を成長させるためです。二酸化炭素排出の削減がなぜ日本経済の成長につながるのか、ピンと来ないかもしれませんが、詳しくは以下の通りです。

パリ協定以降の諸情勢を見る限り、脱炭素社会への移行という世界的趨勢から日本だけが逃れられる可能性はまず無いと言っていいでしょう。だとすれば、他国に先んじていち早く先進的な脱炭素技術を確立し、経済競争上の優位を目指すべきだというのが一点です(第1章で説明したイノベーションの議論を思い出してください)。

あるいはより現実的な言い方をすれば、脱炭素技術無き日本企業はグローバル市場自体から見放される、というところまで来ているのです。

例えば、かつて隆盛を誇った日本の製造業は、多数の部品メーカーを束ねてピラミッドを作り、その頂点に大手が君臨するという**垂直統合**のもとで競争力を維持していました。しかし現在は、アップルのような世界の巨大企業を中心とした**水平分業**の体制に組み込まれ、サプライヤーとしての地位に甘んじる局面が増えつつあります。そんな世界の巨大企業が近年次々と脱炭素シフトを進めており、自社事業からの排出削減はもちろん、サプライヤーに対しても排出削減を要請するようになっています。そんなビジネス環境では、対策を怠る日本企業はグローバル市場からの撤退を余儀なくされてしまいます。

加えて、近年は世界の機関投資家や巨大金融機関も急速に脱炭素へシフトしています。そんな中で日本企業は、第1章で紹介したESG投資・ESG融資に加え、最近は**TCFD（気候関連財務情報開示タスクフォース）**への対応が課題となっています。金融安定理事会（FSB）のもとに設置されたTCFDは2017年、企業等に対して気候変動関連の各種財務情報を開示するよう求めます。各国の企業が次々とそれに反応する中、日本でも2022年4月から、東京証券取引所の最上位市場であるプライム市場に上場する企業に対して、TCFDに沿った情報開示が実質的に義務化されています。脱炭素への対策を怠る企業は、資本市場・金融市場からも見放される恐れが出てきているのです。

エネルギー対策なくして地球温暖化対策なし

二酸化炭素の排出削減に本気で取り組むとなれば、次に考えるべきは、どのように削減していけばよいのかという点です。ここでも「二酸化炭素を「二酸化炭素」と一括りにしない」との考え方に立ち、まずはどの部門からどのくらい二酸化炭素が排出されているのかをデータで確認することから始めましょう(図表4-2)。

上図は、部門別の二酸化炭素排出量の推移を表したものです。ちなみに**エネルギー転換部門**というのは、主に発電所(熱エネルギーを電気エネルギーに変える火力発電所等)を指しています。データを見ると、産業部門(工場等)や業務その他部門(オフィスや店舗等)、つまり企業が大きな排出源であることが分かります。したがって企業の排出削減が日本の脱炭素社会づくりの鍵となるわけですが、実は上図には一つ注意すべき点があります。

上図は、**間接排出量**(正しくは「電気・熱配分後排出量」と呼ぶのですが、やや複雑な説明を要するので本書では「間接排出量」としておきます)のデータであり、エネルギー転換部門から排出された二酸化炭素を、各部門に対してエネルギーの消費量に応じて割り振った数値を使っています。それに対して下図は**直接排出量**(同様に正しくは「電気・熱配分前排出量」と呼びます)のデータであり、エネルギー転換部門から排出された二酸化炭素を、そのままエネルギー転換部門の排出

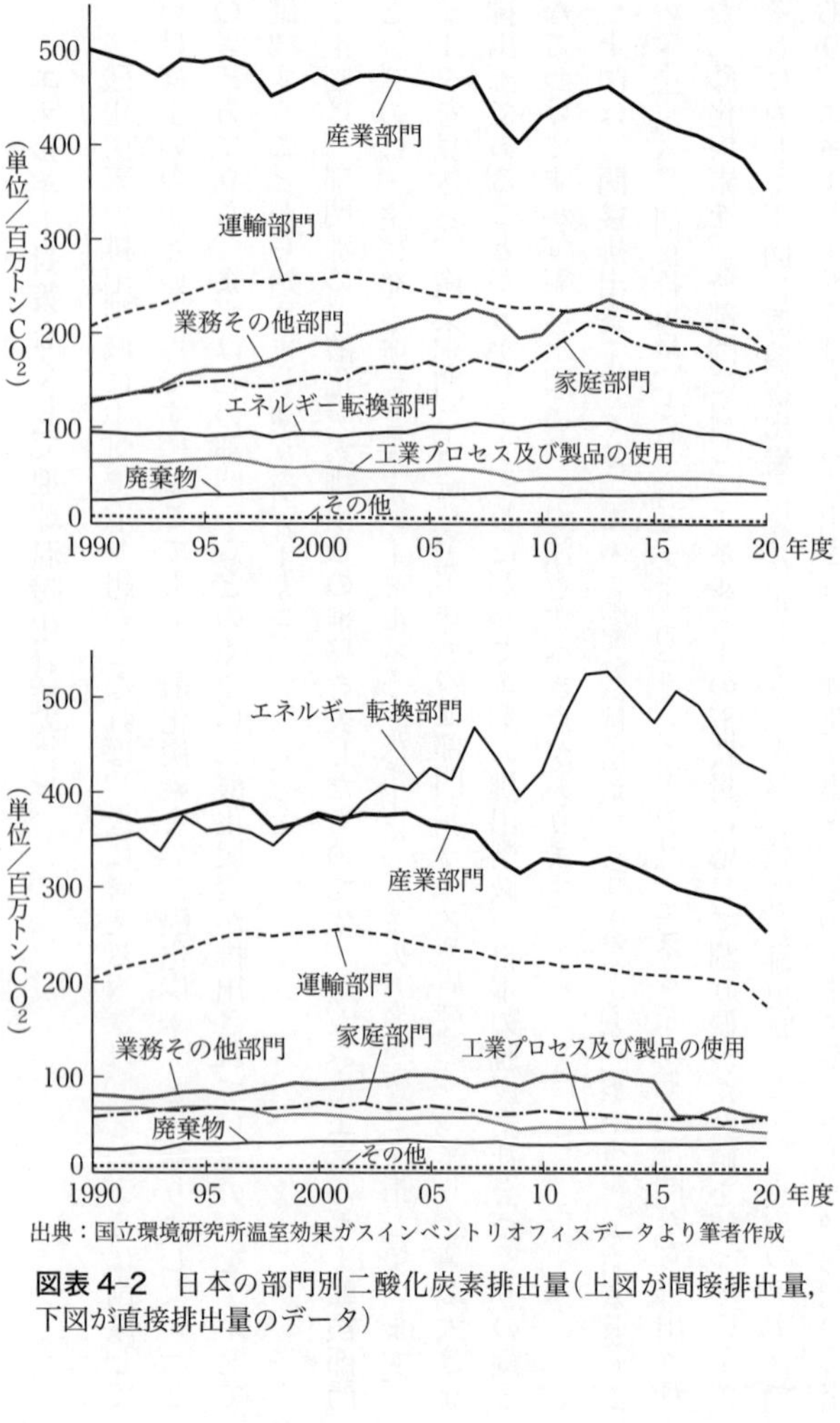

出典：国立環境研究所温室効果ガスインベントリオフィスデータより筆者作成

図表 4-2　日本の部門別二酸化炭素排出量(上図が間接排出量，下図が直接排出量のデータ)

分として計上しています。その下図によると、まさにエネルギー転換部門が最大の二酸化炭素排出源となっていることが分かります。

つまり日本の地球温暖化対策の本丸は、発電所すなわち**エネルギー供給側**の脱炭素化なのです。具体的には「石炭を大量消費する火力発電への依存度を下げる」、「発電時に二酸化炭素を排出しない太陽光発電や風力発電を普及させる」といった取り組みを指しますが、本書ではそれを「脱炭素型エネルギーシステムの実現」と表現しておきましょう。

一方、エネルギー転換部門以外の部門（産業部門や運輸部門）でも脱炭素化が必要なのは言うまでもありません。これらは**エネルギー需要側**の取り組みであり、具体的には例えば省エネ（省エネルギー）の促進などが該当しますが、本書ではそれを「脱炭素型社会経済システムの実現」と表現しておきます。

いずれにせよ、地球温暖化対策とはまずもってエネルギー対策なのだ、ということを改めて強調しておきます。そして、エネルギーの利用や管理のあり方はエネルギーシステムを通じて決まりますので、地球温暖化対策とはエネルギーシステムの設計問題でもあります（植田、２０１３）。この点は、次節以降具体的に議論していきましょう。

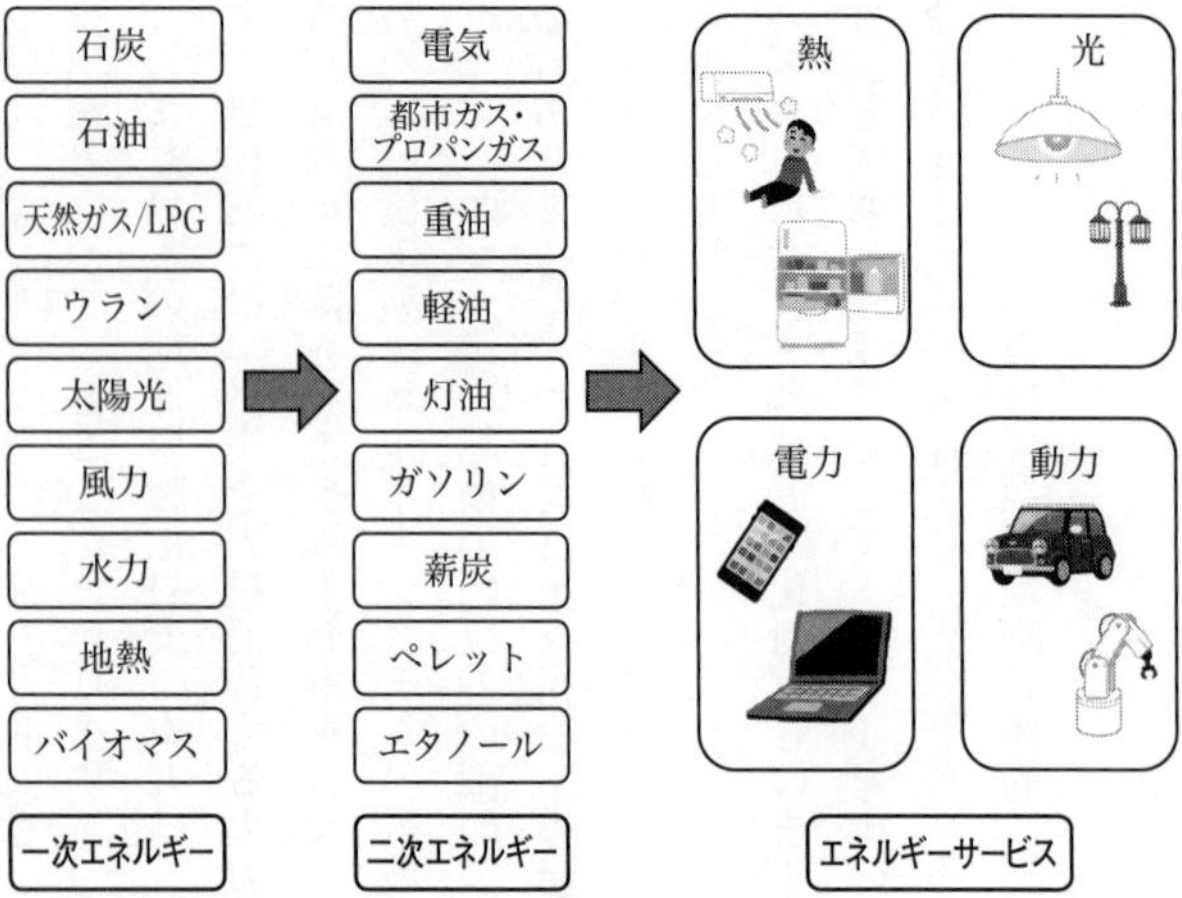

出典：筆者作成
注：すべてのエネルギーフローを網羅しているわけではない.

図表4-3　エネルギーフロー

エネルギーの基礎知識

次節から「脱炭素型エネルギーシステムの実現」や「脱炭素型社会経済システムの実現」について具体的に見ていきますが、エネルギーの話題が登場したついでに、エネルギーの基礎知識を本書の必要な範囲内でごく手短に紹介しましょう。

一般的に私たちは、まず自然界から石油や石炭を資源として取り出し（**一次エネルギー**）、次にこれを電気やガソリンのような使いやすい形に変え（**二次エネルギー**）、最後は熱や光、電力、動力などの形で利用します（**エネルギーサービス**）（図表4-3）。

エネルギーサービスの特徴を一言で表

現するなら、「必需品」です。食料と同じように、エネルギーサービスは人間の生存や生活にとって無くてはならない存在だからです。したがって二次エネルギーは、以下のような条件を満たすことが求められます。

まず、二次エネルギーは安定的に供給されなくてはなりません。停電が頻発して社会経済活動に支障が出たりするような事態は、避ける必要があるのです。

加えて、二次エネルギーは安価でなければなりません。量的には問題なくても、高価であればエネルギーサービスの充足が困難になるからです。ちなみに、家計所得に占めるエネルギー支出額の割合が高いなど、エネルギーサービスの充足に支障をきたす恐れがある状態のことを**エネルギー貧困**と言います。

さらに二次エネルギーは、使いやすいものであることも重要です。熱や動力、光は貯めるのが難しいエネルギーサービスです。それゆえ人類は、ガソリンや薪炭つまり燃料としてエネルギーを貯めておき、必要な時に熱や動力、光を取り出してきたわけです。このように「貯めやすく取り出しやすい」という性質も求められます。

あるいは「運びやすい」という性質も、二次エネルギーの使いやすさを規定する重要な要因になります。電気という二次エネルギーの長所の一つはまさにこの点にあります。

3　脱炭素社会への道のり①——脱炭素型エネルギーシステムの実現

集権的一方向型電力ネットワークとその特徴

ここから、エネルギー供給側の「脱炭素型エネルギーシステムの実現」について考えていきますが、そもそも脱炭素型エネルギーシステムとは何なのでしょうか？　私たちにとって最も身近な二次エネルギーである電気を例にとって、以下見ていきましょう。

白熱電球の発明家として有名なトーマス・エジソンは、実は電気事業を興して電気の生産や販売を手掛けた起業家でもありました。そしてそれ以降、世界各地で**電力ネットワーク**の整備が進みます。電力ネットワークとは、電気を作る**発電**、電気を消費地に運ぶ**送電**、そして電気を消費者に届ける**配電**から主に構成されるシステムのことです。インフラで言えば、それぞれ「発電所」「高圧線」「電柱」のイメージです。

しかし近年、電力ネットワークの仕組みを**集権的一方向型**から**分散的双方向型**へと少しずつ移行する試みがなされています（諸富・浅岡、２０１０）。まずは前者の特徴について、主に日本を想定しながらいくつか見ておきましょう（図表４－４）。

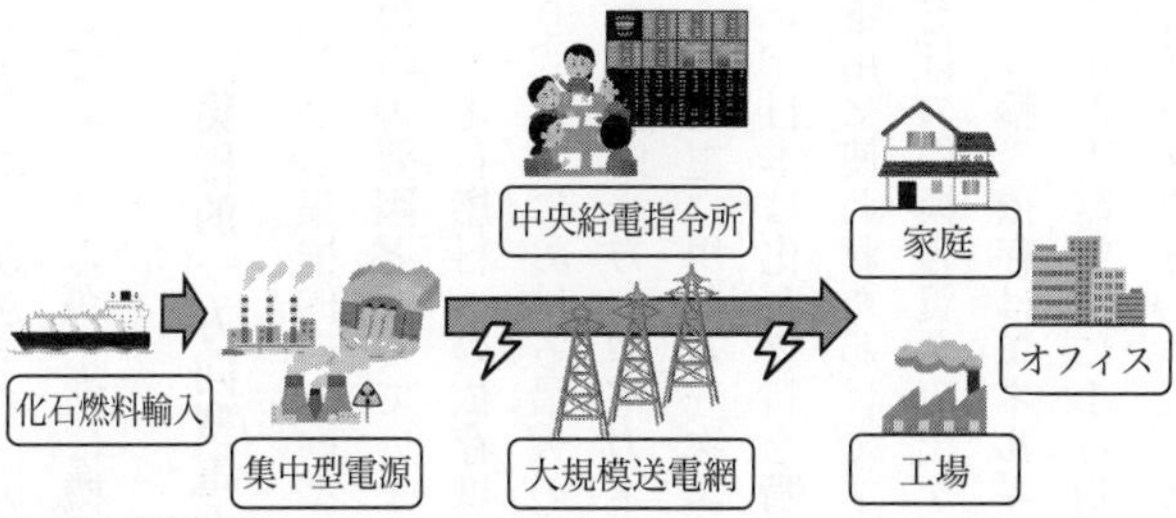

出典：筆者作成

図表 4-4　集権的一方向型電力ネットワーク：イメージ図

まず、発電に用いる一次エネルギーの多くを、海外から輸入した化石燃料に依存するのが特徴です。言うまでもなく、日本で火力発電に使われる石炭や天然ガスのほとんどは輸入に頼っています。

次に、大規模な発電施設つまり発電所が、需要地から離れた場所に集中して立地するという特徴があります（**集中型電源**）。火力発電所であれば東京湾岸地域、原子力発電所であれば福島県や福井県といった具合です。

そして、発電された電気はネットワーク上を一方向に流れます。具体的には、まず電力会社が電気の生産者となり、そこで作り出された大量の電気は、大規模送電網等を通じて消費者へと運ばれます。

さらに、電力会社が管理する中央給電指令所という施設が、電気の需給調整を担います。まず中央給電指令所が時々刻々の需要予測を行い、それに合わせて発電量をコントロールする、というやり方です。一般に電力システムは供給量と需要量を常に一致させる措置が不可欠であり(「同時同量」)、それができないと周波数が乱れるなどしてシステムが正常に機能しなくなってしまうからです。

集権的一方向型電力ネットワークの問題点

しかし集権的一方向型電力ネットワークにはいくつかの大きな問題があり、持続可能な発展の阻害要因となっています。本書のテーマの関連では、以下の六点が重要です。

①化石燃料への依存度が高く、二酸化炭素大量排出の要因となっています。すでに示した通り、日本における最大の二酸化炭素排出源はエネルギー転換部門ですが、その裏にはこのような集権的一方向型電力ネットワークの存在があったというわけです。

②発電に用いる一次エネルギーの多くを輸入に依存することにともなう問題です。2013年、日本は化石燃料を購入するために約27兆円ものお金を海外に支払いました。その多くは発電用に使われたわけですが、必需品であるエネルギーサービスをまかなうためとはいえ、これだけの規模の資金流出が恒常化している現実をどう考えるか、という問題があります。

③輸入依存は**エネルギー安全保障**を脅かします。国際社会に目を向けると、発展途上国のエネルギー需要増による資源枯渇リスクや資源価格上昇リスク、あるいはロシアからの資源供給停止リスクといった、安定的で安価なエネルギー調達を脅かす要因が数多くあります。集権的

一方向型電力ネットワークは、こういったリスクと常に隣り合わせです。

④集中型電源であることに起因する**エネルギー効率**の低さです。火力発電を例にとると、まず発電段階で熱を電気に変換する際に廃熱として多くのエネルギーが失われ、さらに送電段階でも送電ロスという形で失われます。その結果、最終的に消費者に届く電気は投入したエネルギーの四割にも満たないとされています。巨額のお金を払って入手した貴重な化石燃料の多くが、文字通り無駄になっているわけです。

⑤集中型電源への依存は**システム脆弱性**を生み出す要因でもあります。もし発電所付近で大規模災害のような事象が起こると、システム全体の機能が止まってしまいます。それに集権的一方向型電力ネットワークというシステムは、集中型電源が孕むリスク、例えば原子力発電所事故による放射能汚染リスクや事故後の風評被害リスクを発電所立地地域だけに押し付けることで、はじめて成立しています。言うまでもなく、これらはみな、東日本大震災を通じて私たちが学んだ大きな教訓です。

⑥需給調整が電力会社にとって大きな重荷となります。この仕組みでは、真夏の数日・数時間のピークの電力需要を満たせるだけの過大な発電設備を常に抱えなくてはならず、電力会社の経営を圧迫する一因にもなります。

分散的双方向型電力ネットワークとその特徴

そんな集権的一方向型電力ネットワークから分散的双方向型電力ネットワークへの移行が、日本でも少しずつ試みられています(図表4-5)。その特徴は以下の通りです。

まず、集権的一方向型電力ネットワークの場合とは異なり、分散的双方向型電力ネットワークでは太陽光や風力、バイオマスといった**再生可能資源**が、発電用一次エネルギーの軸となります(**再エネ**)。よって脱炭素社会の実現にも大きく貢献できます。

しかも化石燃料とは違い、再生可能資源の多くは国内で調達可能です。それで輸入化石燃料を代替できれば、海外への支払分が国内にとどまり、それが国内投資に回って新たな雇用や経済効果を生むといった展開も期待されますし、さらにエネルギー安全保障にも寄与します。

そして、集権的一方向型電力ネットワークが集中型電源に依存していたのとは対照的に、分散的双方向型電力ネットワークでは小規模な発電所が電力の需要地近くに分散して立地するという特徴があります(**分散型電源**)。そのため送電時のエネルギーロスが減るなどエネルギー効率も高まりますし、さらにはシステム脆弱性の問題もかなりカバーできます。仮に大規模災害が起きても、施設が分散立地しているのでその悪影響を極小化できるからです。

加えて、電気がネットワーク上を双方向に流れるのも特徴です。工場やオフィスに太陽光パ

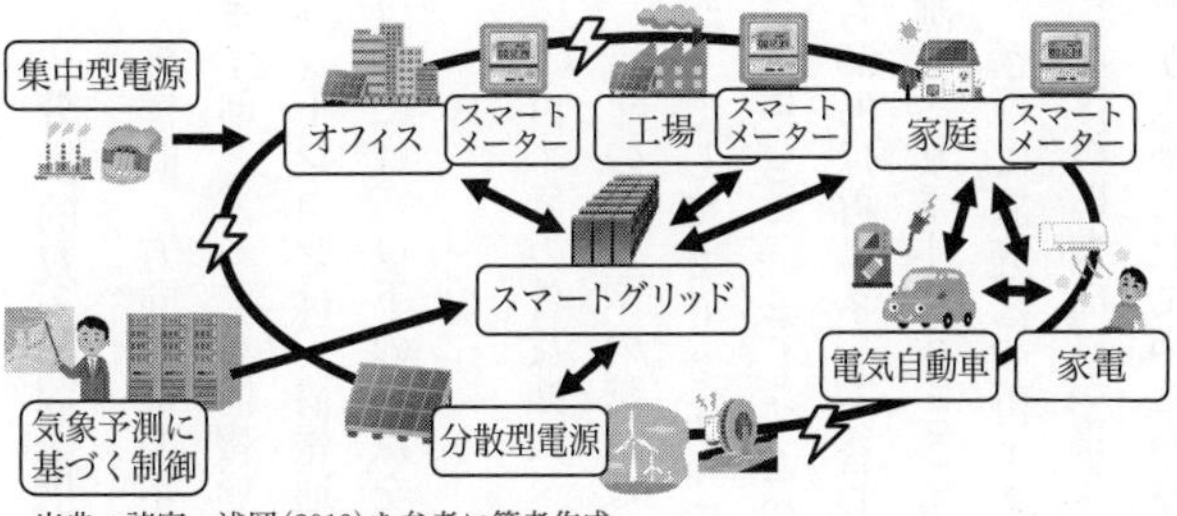

出典：諸富・浅岡(2010)を参考に筆者作成

図表4-5　分散的双方向型電力ネットワーク：イメージ図

ネルが設置される、あるいは家庭でプラグにつながれた自家用電気自動車が蓄電池の役割を果たすといった具合に、電気の消費者(consumer)でありながら生産者(producer)でもあるという、プロシューマー(prosumer)という存在が新たに登場するからです。

さらに、**スマートグリッド**という情報通信技術を活用したシステムを用いて、電気の需給調整が行われます。具体的には、スマートメーターと呼ばれるデジタル計器で計量し集められた電気使用量データをもとに、より精緻な需要予測が行われるほか、気象予測シミュレーション技術の発展にともない、再エネ電源の出力変動もかなり正確に予測できるようになります。さらには**デマンドレスポンス**と言って、真夏の日中のような電力の需給がひっ迫する時間帯は電気代を上げ、逆に余裕がある時間帯は下げることでピークカットやピークシフトを促すような、電気の需要自体をコントロールする取り組みも行われます。

分散的双方向型電力ネットワークへの移行を後押ししているもの

集権的一方向型電力ネットワークから分散的双方向型電力ネットワークへの移行の背景には、まず何と言っても情報通信技術の飛躍的な発展があります。スマートグリッドや気象予測シミュレーションは、情報通信技術の発展なくして実現できなかったと言ってよいでしょう。それ以外には、以下の二点を外すわけにはいきません。

①再エネの普及拡大

近年の再エネの勢いは目覚ましく、２０２１年に新たに加わった世界の発電能力のうち84％が、そして２０２１年の世界の電力生産の28・3％が、再エネによるものとなっています(Ren21, 2022)。そしてこのまま再エネの普及拡大が続けば、２０５０年にはすべての電気のうち69％は再エネ(水力含む)によるものとなり、化石燃料によるものは24％に減少するという予測もあります(BloombergNEF, 2020)。

さらに最近は、再エネ電気から水素(Power-to-Gas)や熱(Power-to-Heat)を生み出す技術(Power-to-X, P2X)にも注目が集まっています。エネルギーには「貯めやすく取り出しやすい」という性質が求められているわけですが、それを化石燃料ではなく再エネ電気で何とか実現できないかとの思いから開発が進められているのが、このP2Xです。

ではなぜ、再エネはこれほどまでに普及拡大しているのでしょうか？　まず大きいのは、技術開発や大量生産によるコストダウンでしょう。太陽電池や風力タービン、リチウムイオン電池の価格がこの10年ほどで大幅に低下するなど、普及拡大のための経済的条件が整ってきたというのが一つです。加えて、**固定価格買取制度（FIT）**の存在も大きかったと言えます。これは電力会社に対して固定価格での再エネ電気買い取りを一定期間義務付ける仕組みのことであり、日本では2012年7月に本格導入されました。このFITによって促された再エネ投資は、技術開発や大量生産を後押しする効果がありました。

②電力市場競争を促すための各種制度改革

紙幅の都合上その全容を示すのは不可能ですが、ここでは日本における以下二つの取り組みを紹介しておきましょう。

一つ目は、**電力自由化**です。かつて日本の電力供給事業は、地域ごとに大手電力会社（東京電力、関西電力……）の独占状態にありました。しかし近年は発電部門や小売部門の自由化が進められ、新電力と呼ばれる新たな企業が参入し事業展開しています。その結果、2022年3月時点で全販売電力量に占める新電力のシェアは約21・3％に成長するなど、電力自由化によって電力ネットワークの担い手の多様化が進みました。

二つ目は、発電事業と送配電事業を分離する、**発送電分離**です。かつて大手電力会社は、発電と送配電を一手に担っていました。しかし2020（令和2）年4月からはその二つを切り離し、送配電設備の保有や保守点検、増強、停電時の復旧、需給調整といった業務については、新たに作られた送配電会社（「一般送配電事業者」）が担うこととされました。それによって、発電部門や小売部門に新規参入した多様な事業者に送配電網を開放し、事業者間の健全で公平な競争を促すことが期待されています。ただ、その改革は道半ばなのが現状です。

4　再エネ懐疑論をどう考えるか

再エネ発電は本当に環境に「やさしい」のか？

日本でも再エネ発電が普及拡大していく一方で、懐疑的な意見も目にする機会が増えています。その一つは、再エネ発電は本当に環境に「やさしい」のか、というものでしょう。

例えば太陽光発電分野では、発電規模が1メガワット以上の発電所、いわゆる**メガソーラー**が各地で誕生しています。しかしこれらの中には、山林を無造作に切り開いて大量の太陽光パネルを敷き詰めるなど、生態系破壊リスクや土砂災害リスクを高めていると言わざるを得ない事例が散見されます。また太陽光パネルの寿命は20〜30年であり、それが過ぎると廃棄物になるのですが、そのリサイクルや適正処分のあり方についてはまだきちんと確立されているとは言えない状態です。

あるいは風力発電分野では、バードストライクと言って、野鳥が風車に激突して命を落とす問題がよく知られます。それに風力発電機の羽の回転にともなって騒音や低周波音が発生し、それが近隣住民に生活・健康被害をもたらしているという報告もあります。

これらを見て見ぬふりしながら再エネの普及拡大を図るならば、持続可能な発展の名折れであり、分散的双方向型電力ネットワークの社会的正統性は大きく損なわれることでしょう。環境影響評価や地元住民との合意形成に関する仕組みをきちんと確立し、しっかり運用していくことが求められます。

エネルギー・カーボンヒエラルキー——脱炭素社会づくりの手段にも優先順位がある

ただこの問題については、より根本的な視点から、次のようにも考えられないでしょうか？——つまり、エネルギーを大量に消費すること（エネルギー多消費型社会経済システム）を与件として、そのエネルギーをすべて再エネ電気でまかなおうというやり方が引き起こす問題なのではないか、ということです。それは、大量生産・大量消費・大量廃棄の経済システムを与件として、リサイクルという手段だけで循環型社会を実現しようとすれば必ずどこかで歪みが生まれてしまう、という問題と相通じるものがあります。

だとすれば、循環型社会づくりと同様、脱炭素社会づくりについても政策のヒエラルキーが考えられるはずです。それを本書では**エネルギー・カーボンヒエラルキー**と呼ぶこととし、脱炭素社会づくりの方向性と併せて示しておきましょう（図表4-6）。

再エネ(3.Renewable energy)の前にまず**省エネ**、つまりエネルギーの消費量を減らすべしというのがエネルギー・カーボンヒエラルキーのポイントです。脱炭素社会づくりイコール再エネ、ではないのです。そしてその省エネは、「エネルギー需要そのものの削減(1. Energy saving)」および「エネルギー効率の向上(2. Energy efficiency)」という二つの要素から成り立っており、前者が後者に優先するとされています。

さらに、再エネの後に**カーボンオフセット**(4. Carbon offset)という項目がありますが、これはすでに排出してしまった二酸化炭素を、森林吸収やCCSなどの手段を使って相殺することです。

以上がエネルギー・カーボンヒエラルキーの考え方ですが、それを適用すると、再エネ懐疑論者が懸念していた問題のいくつかは、再エネ自体の問題というよりは、**省エネなき再エネ**の

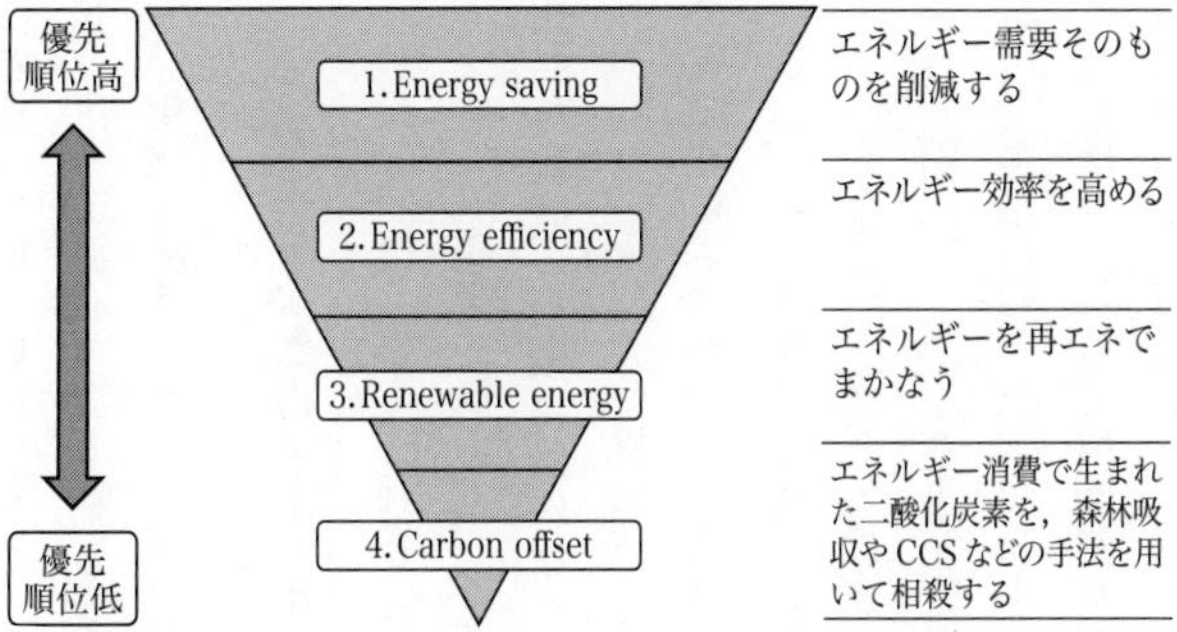

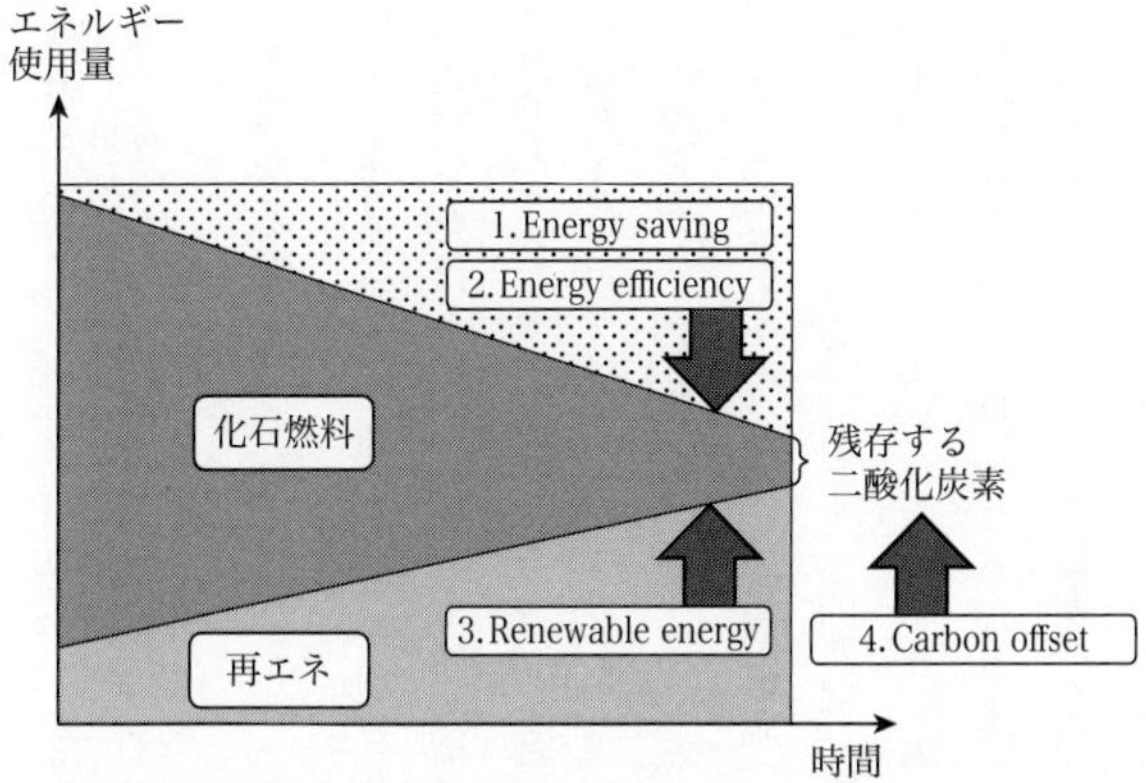

出典（上図）：Wolfe（2005）や Horgan（2011）を参考に筆者作成
出典（下図）：資源エネルギー庁資料を参考に筆者作成

図表 4-6　エネルギー・カーボンヒエラルキーと脱炭素社会づくりの方向性

問題なのではないか、ということが見えてきます。省エネによって社会全体のエネルギー消費量を大きく減らすことができれば、野山を太陽光パネルで埋め尽くしたり、居住地のそばで風力発電機を稼働させたりする必要もなくなるかもしれないからです。

「省エネなき再エネ」をめぐるさらなる懸念

「省エネなき再エネ」は、さらに以下のような看過し難い問題を引き起こします。

まず、太陽光や風力、バイオマスから電気を作るのに必要な土地面積は、化石燃料の場合と比べて数倍から数百倍になることが知られています(McDonald et al., 2009)。有限の化石燃料とは異なり、太陽光や風力はその無限性が大きな売りだったわけですが、その裏側で今度は**土地の有限性**にぶつかってしまう、という問題です。

次に、再エネ電気や電気自動車の普及と相まって、今後は**金属資源**(ベースメタル、レアメタル、レアアース)の需要が飛躍的に伸びていくと予想されます。例えば、電線や電子機器に用いられる銅(Cu)、風力発電機や電気自動車モーターに用いられるネオジム(Nd)とジスプロシウム(Dy)、電気自動車バッテリーに用いられるリチウム(Li)やコバルト(Co)、ニッケル(Ni)等です。これらはいずれも分散的双方向型電力ネットワークを支える重要な金属資源ですが、問題はそのほとんどを海外からの輸入に依存しているという点です。再エネは国内でまかなえるかもしれませんが、金属資源はそうではないのです。しかもやっかいなのは、これらの多くはごく一部の国々に偏在しているという点です。このようにエネルギー安全保障上の問題は、実は再エネの場合もついて回ることになります。

ただ再度強調しておきたいのですが、これらのいくつかは「省エネなき再エネ」の問題であって、再エネ自身に刻印された宿命のように考えるのは適切ではありません。まずは省エネを徹底的に進め、土地開発圧や金属資源消費圧を低減させることから考えよう、というのがエネルギー・カーボンヒエラルキーのメッセージです。

5　脱炭素社会への道のり②——脱炭素型社会経済システムの実現

省エネはつらいよ？

ここまで、主にエネルギー転換部門に焦点を当てて、エネルギー供給側の脱炭素化つまり「脱炭素型エネルギーシステムの実現」に関する説明をしてきました。そしてその過程でエネルギー・カーボンヒエラルキーの話が登場し、エネルギー需要側のテーマである省エネについても少しだけ言及したところです。

本節からは、エネルギー需要側の産業部門・業務その他部門・家庭部門・運輸部門(図表4－2も参照)に焦点を当てて、省エネについてより深く検討していきましょう。そしてそこから、エネルギー需要側の脱炭素化つまり「脱炭素型社会経済システムの実現」に向けたヒントを探ってみたいと思います。

みなさんは省エネというと、「我慢する」とか「不便を甘受する」といったイメージが強いのではないでしょうか？　エネルギーサービスは必需品ですので、余計にそういったイメージが生まれやすいと考えられます。脱炭素社会づくりや持続可能な発展に向けて、私たちはさらなる我慢や不便を強いられるしかないのでしょうか？　それとも、何か別のいいやり方があるのでしょうか？　そのすべてを議論することはできませんが、ふたたび電気を中心に、いくつかのポイントに絞ってご紹介していきます。

電化製品の省エネ性能とメーカー・小売業者の責任

まずみなさんにとって最も身近な家庭部門から取り上げましょう。やや古いデータですが(2009年)、家庭で電気を多く使う電化製品は、電気冷蔵庫(14・2%)・照明機器(13・4%)・テレビ(8・9%)・エアコン(7・4%)あたりだという調査結果があります(資源エネルギー庁平成22年度省エネルギー政策分析調査事業「家庭におけるエネルギー消費実態について」)。

ここで改めて気付くのは、私たちが電気という二次エネルギーからエネルギーサービスを取り出す場合、基本的に**耐久消費財**の助けを借りるのだという点です。その耐久消費財はいったん購入されると長く使われますので、もしそこで省エネ性能の低い機器が購入されると、その悪影響がしばらく続いてしまいます。省エネと言うと「電気はこまめに消す」、「冷房の温度は28℃にする」というように、まず消費者側の努力が思い浮かぶと思いますが、実はメーカーや小売業者の責任も大きいのです。

ただやっかいなのは、仮に電化製品の省エネ性能向上に成功したとしても、それだけではエネルギー消費削減にはつながらず、新たに**リバウンド効果**という現象にも対処する必要が出てくるという点です。リバウンド効果とは、例えば燃費の良いガソリン車に買い替えた途端、かえってこれまで以上に車を使うようになり、燃費改善によるガソリン消費減少分を相殺してしまうといった現象のことです。このことは、「エネルギー効率の向上」の前にまず「エネルギー需要そのものの削減」に取り組むべし、というエネルギー・カーボンヒエラルキーのメッセージの重要性を示唆しています。

熱需要という視点

エネルギー消費を用途別に見ると、家庭部門・業務その他部門・産業部門のいずれにおいても、最も多いのは**熱需要**となっています。つまり電気という二次エネルギーを使うのは、電力というエネルギーサービスが欲しいからというより、部屋を冷やしたり温めたり（冷暖房）、食料品を低温で保管したり（冷蔵庫）というように、むしろ熱というエネルギーサービスの需要を満たしたいからなのかもしれないのです。ちなみに、産業部門の中でとりわけエネルギー消費が多いのが化学工業と鉄鋼業なのですが、いずれも膨大な熱エネルギーを消費する産業です。

したがって省エネを進める場合、この熱需要をいかに削減するかが一つの鍵になります。冷蔵庫やエアコン等、熱需要対応機器の省エネ性能向上はもちろんですが、ここで強調したいのが**住宅**や**建物**の省エネ性能向上です（住宅も建物もある種の耐久消費財です）。壁断熱材やペアガラスを導入して冷暖房効果を高めるといったハード面の対策はもちろん、最近はソフト面の対策にも注目が集まっており、情報通信技術を活用して建物のエネルギー利用を最適制御する**エネルギーマネジメントシステム（xEMS）**の普及が期待されています。そして、これらの省エネ対策を徹底し、なおかつ必要なエネルギーは再エネでまかなうZEH（net Zero Energy House）やZEB（net Zero Energy Building）といった考え方も登場しています。ちなみにヨーロッパでは、住宅改修がエネルギー貧困対策の一つの柱になっています。家庭部門のエネルギー需要の多くが冬季の暖房、つまり熱需要であることを踏まえているのです。

省エネからモビリティを考える

産業部門と並んで二酸化炭素排出量が高止まり傾向にあるのが**運輸部門**です(図表4-2)。そしてその多くは、ガソリン車(マイカー)やディーゼル車(トラック輸送)に搭載された内燃機関(エンジン)が生み出す二酸化炭素です。ただ今後電気自動車が普及し、その電気も再エネでまかなえるようになれば、大幅な排出削減が期待できるでしょう。ちなみに、内燃機関はエネルギー効率が低く、熱エネルギーのうち動力エネルギーになるのは二割から四割程度で、残りは廃熱や摩擦となって失われます。それに比べて電気モーターの場合は、エネルギー効率が格段に向上するという利点があります。

しかし、この「電気自動車プラス再エネ電気」というシナリオには落とし穴もあります。電気自動車の普及にともない、今後はさまざまな二次エネルギーのうち、とりわけ電気の需要が大きく高まる見込みです。そのすべてを再エネ電気で満たそうとすれば、それこそ日本の野山を太陽光パネルで埋め尽くすようなことになりかねません。さらに電気自動車が普及していけば、バッテリーを中心に新たに大量の金属資源も必要となることでしょう。

ではエネルギー・カーボンヒエラルキーの考え方に則り、再エネではなく省エネからモビリティの未来を展望することはできないものでしょうか? ここで期待されるのが**公共交通**の充実ですが、それは決して容易ではありません。日本はマイカー使用を前提としたまちづくりを長らく続けてきており、地方部・郊外部を中心に公共交通離れが深刻です。その結果、多くの公共交通事業者が慢性的な赤字経営に苦しみ、利便性の向上も図れないため、さらにマイカー使用が進んで赤字経営が続く……という悪循環に陥っています。

それに関して、近年ＭａａＳ(マース、Mobility as a Service)というアイディアが注目されています。これは、さまざまな交通手段(車、鉄道、バス、自転車……)が提供するモビリティを「サービス」としてとらえ、それらを統合して利用できるようにする取り組みの総称です。ＭａａＳの母国フィンランドでは、各種モビリティサービス情報がオンラインプラットフォームに集約され、人々がスマートフォン端末を通じて最適なモビリティサービスの組み合わせを検索し利用できる仕組みが導入されています。その中に公共交通もうまく組み込み、利用促進を図るといったアプローチに期待が寄せられています。

6　地球温暖化問題と環境ガバナンス

多中心型ガバナンスの可能性——オストロムからの宿題

本章を締め括るにあたり、環境ガバナンスの視点に立って、改めて地球温暖化問題やエネルギー問題に関するいくつかのトピックに触れておきましょう。

地球全体で見ると、地球温暖化問題の構造は、コモンズの悲劇の寓話そのものだとも言えます。1・5℃以内に抑えるのに必要な残りのGHG排出可能総量があり、それを各主体が利用し尽くしてしまうのをどう防ぐか、という問題だからです。地球温暖化問題を「究極のコモンズの悲劇」と評する人もいるくらいです。したがって、地球温暖化問題の解決法を考える際も、コモンズ論の枠組みが参考になるはずです。例えば、排出できる二酸化炭素量を排出枠として各主体に割り当て、その自由な取引を認める排出量取引制度のような仕組みは、ハーディンが提示した「牧草地の私有地化」という処方箋を思い起こさせます。あるいは、集権的でフォーマルな、そして法的拘束力がある京都議定書のような制度枠組みは、ハーディンが提示した「政府による解決」になぞらえられることがあります(Jordan et al. ed, 2018)。

他方でオストロムに倣うならば、分権的でインフォーマルな、そして自律的な意思決定を尊重した問題解決方法を構想するというアプローチになるでしょう。そして彼女自身も、かつてそのような試論を展開したことがあります(Ostrom, 2010, 2014)。

世界政府が存在しない国際社会において、どうすれば秩序や公益(第2章で使った言葉で言い換えれば集合的利益)が実現できるのか?――国際関係論におけるこの核心的な問いに対する最も通説的な解答は、**国際レジーム**の構築です。国際レジームとは、ある特定の国際問題領域で国家間の交渉・協調に基づいて作られる、一元的ガバナンス(monocentric governance)の仕組みのことであり、本章のテーマで言えば気候変動枠組条約が該当します。しかし多様な利害が錯綜し、複数の国際レジームが複雑に絡み合う地球環境問題のような領域では、なかなか課題解決が進まないことが明らかになっています。

そんな中でオストロムは、地球環境問題の解決に向け、**多中心型ガバナンス(polycentric governance)**というアイディアを打ち出します。国際レジームアプローチと比べた場合の特徴として、まずガバナンスの担い手が国家だけでなく、地方政府や企業、NPO・NGOというように多様化します。さらにガバナンスのレベルも、グローバルだけでなくナショナルやローカルも加わって重層的になります。そして各主体・各レベルで分散的に行われる、互いに独立した分権的意思決定を重視しつつ、その相互作用を図っていく中から全体としての秩序や公益を見出そう、というのが多中心型ガバナンスのアプローチです。本書のテーマで言えば、SDGsやパリ協定のような仕組みに近いイメージだと言えるでしょう。グローバルレベルの目標や各国・各主体の取り組みをモニタリング・共有するシステムだけを決め、取り組みの具体的中身やプロセスについては基本的に各国・各主体に委ねる、というやり方だからです。

もちろん彼女は、多中心型ガバナンスが地球環境問題の特効薬・万能薬ではないことは重々承知しており、既存の一元的ガバナンスとは相補的な関係にあることを強調しています。そして多中心型ガバナンスがいかなる成果をもたらすのかを、長期的な視点から検証することを今後の研究課題として位置づけました。しかしそれを果たすことなく、そしてSDGsやパリ協定の成立を見届けることなく、彼女は2012年にこの世を去ります。グローバルコモンズのガバナンスはどうあるべきか――彼女が私たちに残した大きな宿題です。

コミュニティエネルギーとそのガバナンス

地球温暖化問題やエネルギー問題は、ローカルレベルのコモンプール資源管理問題という視点から論じることも可能です。太陽光や風力、バイオマスなどの再生可能資源は、地域の自然条件や社会経済的条件と結びついたエネルギー（**コミュニティエネルギー**）だからです。そのコミュニティエネルギーには、次のような三つの〝D〟の実現が期待されています（Ison, 2009）。

①脱炭素エネルギー（Decarbonise）
②地域分散型エネルギー（Decentralise and localize energy supply）
③地域主導型エネルギー（Democratise energy governance through community ownership and/or participation）

①は本章のテーマそのものですし、②も分散型電源という言葉を使ってすでに説明しました。残る③ですが、これは住民自らが地域の再生可能資源を管理し、再エネ発電事業を興して自ら経営し、得られた売電収入は地域内での事業再投資に充てるというように、住民がエネルギーの意思決定の中枢を担う姿がイメージされています。

ただ残念ながら、日本は③の姿からは程遠いのが現状です。地域外の大都市資本が事業のイニシアティヴを握り、事業利益も大都市に吸い上げられる一方で、生活環境や地域資源に係るリスクのみが地域の側に押し付けられるケースが目立っています。「植民地型開発」という揶揄もあるように、それはまるで、高度経済成長期のコンビナート開発や１９８０年代のリゾート開発で使われた地域開発の手法をそっくりそのまま見ているかのようです。

今の日本の地方が抱える最大の問題は、経済の衰退と人口の流出です。農林水産業が経済基盤としての地位を失い、工場は海外に移転し、公共事業も地域経済を活性化できず、リゾート開発もバブル崩壊で頓挫する……地方はこれまで散々苦汁を舐めてきました。そんな地方に射し込んだ一筋の希望の光が、この再エネでした。それすらも地方に住む人々の手から奪われ、持続可能な発展への道筋が失われるような事態だけは避けたいところです。

第5章　人の命と生き物の命、どちらが大切？
――生物多様性問題と自然共生社会

木々の上に家の屋根だけが見え、誰の家かもわからないとき、僕はふと考えた。世界でもっとも価値のあるもののひとつは、見えないところにある。

――ヘンリー・デイヴィッド・ソロー『ソロー日記』

1　生物多様性から考える環境と経済

生き物の星、地球

地球という星の最大の特徴は何でしょうか？——そう聞かれたら、私ならまず**生命**の存在を挙げます。加えて、その種類の豊富さも大きな特徴ではないでしょうか。地球上には未発見のものを含めると、数千万種もの生物がいると言われています。

このように地球にはたくさんの、そしてさまざまな生物がいるわけですが、それらはバラバラに存在しているのではなく、関係や相互作用をともなった一つのシステムを構成しています。ある空間における諸生物、およびそれを取り巻く非生物的な環境（水、大気、土壌など）をひとまとめにし、それらの関係や相互作用から成るシステムのことを**生態系**と言います。中学の理科や高校の生物で習う「生産者」「消費者」「分解者」という言葉は、生態系で果たす役割に着目して生物を分類する一つの方法です。

本章では、「環境と経済」や持続可能な発展といったテーマに生物や生態系という切り口から迫ってみましょう。その際にキーワードとなるのが、**生物多様性**という言葉です。ただ生物多様性というと、科学者や自然愛好家ならともかく、自分のような人間とは縁遠い言葉だと感じたかもしれません。しかし今から説明していくように、生物多様性がそんな一部の人々の関心事でしかなかった時代はとうに終わりを告げています。

生物多様性とは何か？

生物多様性という言葉は、1986年に生物学者のウォルター・ローゼンが考案した造語です。"biological diversity"を縮めて"biodiversity"としただけの言葉ですが、語感の良さも手伝って、その後すぐに各方面に広まります。ただこうした出自を持つ言葉ですので、精緻な学術的定義は欠くきらいがあります。そこで代わりに広く参照されるのが、生物多様性条約(後で詳しく紹介します)の定義です。具体的には、生物多様性とは次の三種類の多様性を含むものである、とされています(日本の生物多様性基本法もこの定義を踏襲)。

①**遺伝子**の多様性：同じ種の個体の間や個体群の中で多様な遺伝子が存在する
②**種**の多様性：多様な種の生物が存在する
③**生態系**の多様性：多様な種類の環境が存在する

そんな生物多様性が近年、急速に失われつつあります。国内外における直近の関連報告書からほんの一部を抜粋し、以下示しておきましょう(IPBES, 2019, Secretariat of the Convention on Biological Diversity, 2020, 環境省、２０２１)。

①遺伝子の多様性

＊地球上の野生種の種内遺伝子多様性が19世紀半ば以降10年に約１％の割合で減少していて、野生哺乳類と両生類のそれは人の影響が大きい地域ほど乏しい傾向にある。

＊全世界で栽培植物と家畜の在来種が失われつつある。

②種の多様性

＊地球上でおよそ１００万もの種が絶滅の危機にさらされている。

＊地球上の種の現在の絶滅速度は、過去１０００万年平均の少なくとも数十倍、あるいは数百倍に達している。

＊日本では、絶滅が危惧される動植物は多く、特に陸水生態系では長期的に生物種の絶滅リスクが増大している。

③生態系の多様性
＊世界の陸地の75％が著しく改変され、海洋の66％は累積的な影響下にあり、湿地の85％以上が消滅した。
＊熱帯では、2010年から2015年までの間に3200万ヘクタールの原生林や二次林が消滅した。
＊日本では、農地や草原等の開発・改変や利用の縮小、湿地や自然湖沼の干拓・埋め立て、自然河岸・海岸の整備や埋め立て等により、過去50年間で農地生態系、陸水生態系、沿岸・海岸生態系において規模の縮小が見られた。

右記以外では、例えば「2002年から2013年までの間に少なくとも1000名の環境活動家と報道記者が命を落とした」という、ショッキングな報告もあります(IPBES, 2019)。

生物多様性を保全する目的

ではこのまま生物多様性が失われ続けると、いったいどんなことが起きてしまうのでしょうか？　あるいは、もし仮に「人の命と生き物の命、どちらが大切か」と尋ねられたら、みなさ

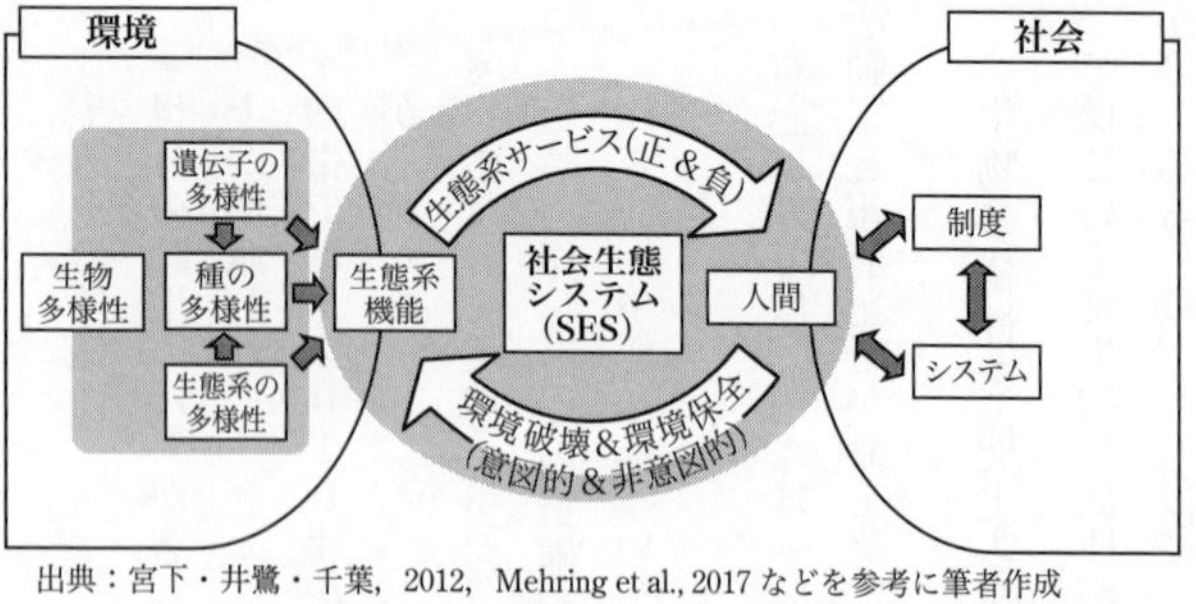

出典：宮下・井鷺・千葉，2012，Mehring et al., 2017 などを参考に筆者作成

図表 5–1　生物多様性から見た環境と人間

んはどう答えるでしょうか？　これらは、「生物多様性を保全する目的は何か」という問いに他なりません。本書の視点からは、次のように答えることが可能です。

第1章で環境と人間の関係を図示しましたが（図表1－2）、肝心の環境の中身はブラックボックスでした。そこに生物多様性という要素を新たに組み込むなど、より細かく書き直したのが図表5－1です。

まず、三種類の多様性から成る生物多様性は、**生態系機能**に影響を及ぼします。生態系機能とは、文字通り生態系が果たす機能のことであり、具体的には光合成による一次生産、大気や水の循環、土壌の保持や生産、生物の生育地やレフュジア（避難地）の提供などを指しています。そして、その生態系機能がベースとなって生態系サービスが生み出される、という構造になっています。

では次に、「生物多様性→生態系機能→生態系サービス」の連関構造を確認しておきましょう。これについては、生物多様性が豊かになれば生態系機能も高まり、生態系サービスも保たれる、というのが一般的な構図になります。例えば、世界の食料作物の種類のうち75%以上は蜂や蝶、鳥による花粉媒介に依存しているのですが、それらの生物(花粉媒介者)の減少が今大きな問題になっており、世界の年間作物生産額損失リスクは2350億ドルから5770億ドル相当になると推計されています(IPBES, 2019)。本章のはじめで、生物多様性は科学者や自然愛好家だけの関心事ではないと言いましたが、その意味の一端がお分かりいただけたかと思います。

ここまで来れば、「人の命と生き物の命、どちらが大切か」という問いの答えも、自ずと浮かび上がるはずです――「どちらも大切である」、「生き物の命を守ることは人の命を守ることでもある」、と。

このように、生物多様性が損なわれて生態系サービスの提供に悪影響が生じる現象のことを、本書では**生物多様性問題**と呼んでおきましょう。したがって今私たちが直面しているのは、豊かな生物多様性を保全し、人類が今後も生態系サービスを持続的に享受できるような社会、つまり**自然共生社会**(人と自然が共生できる社会)の実現という課題です。

社会生態システム(SES)

ここでもう一度、図表5-1をご覧ください。そこには生物多様性以外にも新たな情報が加わっていますが、以降の本書の内容にも関わるので、ひととおり補足しておきましょう。

まず図表5－1の中央部に、**社会生態システム(SES, Socio-Ecological System, Social-Ecological System)**という言葉があります。これは環境と社会を結びつけているシステムのことであり、環境ガバナンス論でしばしば用いられる専門用語です。SESの構造をより具体化・精緻化できれば、いかなるメカニズムを通じて生態系や生物多様性が損なわれるのか、あるいはどうすれば生態系や生物多様性を保全できるのかをモデル化できます。ちなみにオストロムも独自のSESモデルを構築し、他の研究者に広く参照されています(Ostrom, 2009)。

次に、生態系サービスの流れを示す右向きの矢印をご覧いただくと、新たに「正&負」という文字が加わっています。実は生態系サービスの中には、人々の生命や暮らしにマイナスの影響を及ぼす**負の生態系サービス**というのも存在するためです。その具体例については、以後本書の中で折を見て紹介していくつもりです。

さらに左向きの矢印ですが、環境破壊に加えて新たに「環境保全」という文字が書かれています。人間は環境を破壊する存在であると同時に、環境を保全する主体でもあるからです。また「意図的&非意図的」という文字も加わっていますが、これは環境破壊にせよ環境保全にせよ、非意図的なケースがあるためです。その一例として、日本の松茸の話を紹介しておきましょう(Saito and Mitsumata, 2008)。

松茸が生育するアカマツ林は、かつては各地の集落周辺に広く分布しており、人々はそこに分け入って木や落ち葉を集め、それを燃料や肥料にしてきました。その結果土壌は痩せてしまうのですが、実はそれこそが松茸の生育に適した環境なのです。しかし現代人は、燃料や肥料をアカマツ林に依存しなくなり、木や落ち葉を除去する習慣も失われましたので、土壌も富栄養化状態になってしまいました。その結果松茸の成育適地は大きく減少し、生産量も今やピーク時のわずか1％という状況です。かつて日本人がアカマツ林から木や落ち葉を採取していたのは、何も松茸を育てるためではありません。資源採取にともなう意図せぬ副産物として、松茸という生態系サービスを入手していたというわけです。

地球環境問題としての生物多様性問題

1992年に気候変動枠組条約が誕生したことは前章で紹介しましたが、実はその年、生物の多様性に関する条約(通称：**生物多様性条約**)も誕生しています。生物多様性問題は地球環境問題なのだと、国際社会が認めた瞬間です。さてその条約の目的ですが、第1条では次の三つが挙げられています。

①生物多様性の保全

②生物多様性の構成要素の持続可能な利用
③遺伝資源の利用から生じる利益の公正・衡平な配分

①は読んだままの意味ですし、②は生態系サービスの維持を表していると考えていただければ結構です（条約誕生当時は生態系サービスという言い方はまだ一般的ではありませんでした）。ちなみに条約締約国は、①と②に関する国家的な戦略もしくは計画を策定することが義務付けられており、日本のそれは**生物多様性国家戦略**と呼ばれています（本書執筆時点の国家戦略は、２０２３年3月に閣議決定された『生物多様性国家戦略２０２３-２０３０』）。

そして最後の③ですが、これは一般に**ABS（遺伝資源へのアクセスと利益配分）**と呼ばれているものです。先進国の医薬品業界やバイオテクノロジー業界は、発展途上国の熱帯林に分け入って植物や微生物、そしてその遺伝子を無断で持ち出し、商品開発に利用して莫大な利益を上げてきました。その一方で、発展途上国には何の見返りも与えられないという状態が続いていたのですが、それを改めて利益配分のルール化を図ろう、というのがＡＢＳです。なおアメリカは生物多様性条約を批准していないので、ＡＢＳの適用を免れているのですが、その理由は自国の医薬品業界やバイオテクノロジー業界の利益に配慮しているからだと言われています。

ちなみに近年、ＡＢＳをめぐっては、遺伝子等のデジタル情報（ＤＮＡの配列情報など）の扱いが大きな争点となっています。本書はここまで、化石燃料や鉱物資源、再生可能資源といったさまざまな資源を取り上げてきました。しかし最近は、遺伝資源やそのデジタル情報までもが資源の範疇に加わっていることを強調しておきます。

気候変動枠組条約と同様、生物多様性条約でも締約国会議（COP）が開かれ、生物多様性問題への取り組みが議論されています。第10回の会議（COP10）は2010年に愛知県名古屋市で開かれ、2050年の地球の将来像であるビジョン（中長期目標）、それを実現させるために2020年までに行うべきミッション（短期目標）、そして五つの戦略目標と二〇の個別目標から成る「新戦略計画」が採択されました。その二〇の個別目標は、通称**愛知目標（愛知ターゲット）**と呼ばれています。そして2022年12月、第15回の会議（COP15）において、愛知目標の後継として二三の個別目標を含む**昆明・モントリオール生物多様性枠組**が採択されました。持続可能な発展分野のSDGsに相当するのが、愛知目標や昆明・モントリオール生物多様性枠組だと考えて結構です。またCOP10では、③の国際ルールを定めた**名古屋議定書**も採択されており、日本は2017年に批准を済ませています。

生物多様性問題としての新型コロナウイルス感染症（COVID-19）

生物多様性がこのまま失われていくと、新型コロナウイルス感染症（COVID-19）のような感染症の発生リスクも高まることが知られています。その理由は次の通りです。

新型コロナウイルスの起源はまだ解明されていませんが、野生のコウモリが持っていたウイルスがルーツとの説が今のところ有力です。このような、野生生物中のウイルスが人間に感染し変異することで広がる感染症は**ズーノーシス**と呼ばれ（「動物由来感染症」や「人獣共通感染症」と訳されます）、しばしば負の生態系サービスの一つの典型とされます。

そして重要なのは、ズーノーシスの発生リスク・感染リスクを高める要因が、自然の側というより、むしろ人間社会の側にあるという点です（図表5-2）。

ズーノーシスの発生リスクを高めている要因は、熱帯林を中心とする自然生態系の開発と破壊、それに発展途上国の人口急増にともなう開発圧の高まりです。開発の柱である農地開発や鉱物資源開発が拡大し、人間と野生生物の接触の機会も増えた結果、ウイルスが偶発的に人間社会に持ち込まれるリスクが増大しているのです。加えて家畜生産の拡大にともない、ウイルスの媒介役となる家畜・家禽が急増していることも見逃せません。

そしてズーノーシスの感染リスクを高めているのが、経済のグローバル化や都市化の進展といった要因だと言えるでしょう。たくさんの人やモノが国境を越えて移動するようになり、そして人が集まる都市という場で多くの社会経済活動が行われるようになったことで、ウイルスの感染リスクも飛躍的に高まったのです。

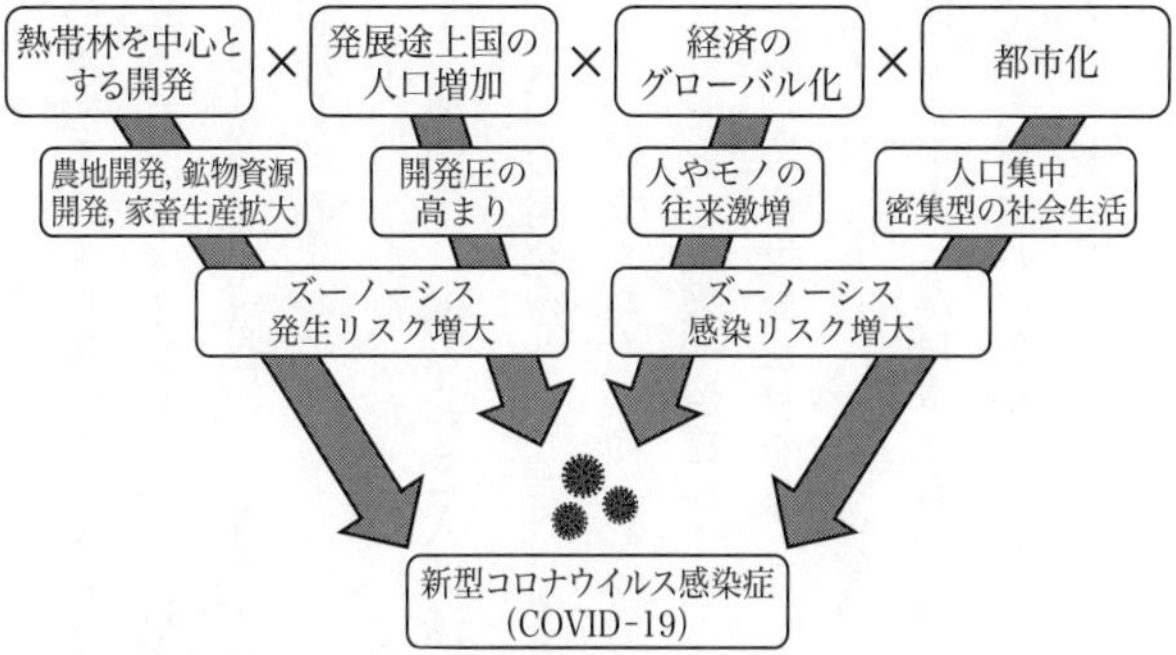

出典：筆者作成

図表 5-2　ズーノーシスの発生リスク・感染リスク拡大と新型コロナウイルス感染症

なお今回の新型コロナウイルス感染症を機に、人間の健康についての考え方を見直そうという機運も高まっています。人間の生命や健康を守るには、人間・動物・環境のすべての健康を保つ必要がある、という**ワンヘルスアプローチ**への注目です。人間と自然の関係を見直すことなく、新たな感染症が起こるたびにワクチン開発に着手するといったやり方を続けるだけでは、対策はとうてい追い付かないからです。人々のウェルビーイング実現にとって、人間と自然の関係の見直しが不可欠になっています。

2　生物多様性を脅かす要因

生物多様性問題の背後にあるもの

当然、生物多様性問題の背後にも、問題を引き起こす社会や経済のメカニズムが存在します。言い換えれば、生物多様性を損ない、生態系機能や生態系サービスの水準を低下させるようなＳＥＳが存在しているわけです。そこで以下では、私たちがイメージしやすい日本の状況に主たる焦点を当て、旧国家戦略（『生物多様性国家戦略２０１２-２０２０』）での整理方法も参考に、生物多様性の危機をもたらしている要因を四つに整理してみましょう。

要因① 開発など人間活動

人間の**開発**行為（そして付随する**土地利用**の改変）は、高度経済成長期と比較すればその影響力はやや弱まったものの、今でも生物多様性喪失の主要因であり続けています。そして開発行為以外だと、**乱獲**や**盗掘**が生物多様性喪失の大きな要因となっています。

ちなみに世界に目を移しても、開発行為は生物多様性喪失の大きな要因になっています（IPBES, 2019）。とりわけ顕著なのが土地利用の変化であり、森林・湿地・草地等から農地への転換です。これが日本とも無関係ではないことは、第3章の食品ロスについての説明を思い出していただければ分かると思います。生物多様性問題が地球環境問題であることは、こんなところにも表れています。

要因② 自然に対する働きかけの縮小

要因①は、言うなれば「自然に対する働きかけの過多」です。しかしこれとは逆に、働きかけが過少になっても生物多様性問題は起きてしまうことが知られています。その典型が、**里山**と呼ばれるエリアの生物多様性です。

里山という言葉は、最近では広く一般に浸透し、すっかりおなじみの言葉になりました。しかし「田舎ののどかな風景」といった里山理解にとどまっていては、生物多様性問題とのつながりは見えてきません。以下示すように、生物多様性の視点から里山の特徴を見ておく必要があります(Miyanaga and Shimada, 2018)。

まず里山の自然は、人間や社会からの働きかけがあってはじめて成立する**二次的自然**であり、うまく利用しながら守る(「保全」)というアプローチを前提としています。これは、働きかけを排除して守る(「保護」)というアプローチが求められる、原生的自然のような自然とは非常に対照的です。例えば、日本の伝統的な二次的自然の一つに草原があります。かつて日本の農村では、草原は耕牛の餌や肥料、茅葺き屋根の材料として資源利用されていました。そしてそれこそが、草原を草原たらしめていた営みだったのです。温暖で雨の多い日本のような気象条件下では、人の手が入らないと草原はどんどん森林へ遷移してしまうからです。

そして、さまざまな土地利用が混在する**モザイク性**もまた、里山の自然の大きな特徴です。水田の周囲には、水路やため池、桑畑、雑木林といった多彩な自然がある、というのがかつての日本の農村の一般的な姿でした。なおカエルやトンボといった生き物は、こうしたモザイク型自然環境の賜物です。双方とも幼生期は水域で暮らし(オタマジャクシとヤゴ)、成体期に入ると陸域に進出する生き物ですから、水陸両方の自然が備わってはじめて生きていけるのです。

しかし里山の自然は今、その姿を急速に変えています。草原の資源利用がほぼ途絶えた現代、現存する草原の多くはボランティアベースの作業で何とか維持しているという状態です(Shimada, 2015)。あるいは耕作放棄水田の拡大は、モザイク性の消失とも相まって、里山の自然やそこに住む生き物を急速に失わせています。そして、かつて薪炭を採取するのに利用されていた雑木林は、薄暗く生き物に乏しい竹藪へと姿を変えています。

里山型自然が卓越するエリアで持続可能な発展を実現しようと思えば、二次的自然、そしてモザイク性といった特徴を考慮に入れなくてはならないのです。

要因③　侵略的外来種

もともとその地域に生息・生育していなかったのに、他の地域から意図的もしくは非意図的に持ち込まれ、定着した動植物のことを**外来種**と言います(在来種との対比)。例えば私たちが普段よく食べるジャガイモやニンジンですが、ジャガイモは南米、ニンジンは中央アジアが原産地ですので、ひとまず外来種に区分されることになります。ちなみに外来種は国外由来とは限らず、国内由来のケースもあることには注意が必要です(国内外来種)。

そして外来種のうち、その地域の生物多様性や生態系機能を大きく損なうものは**侵略的外来種**と呼ばれます。この侵略的外来種もまた、負の生態系サービスの例として言及されることがあります。

ただ侵略的外来種の問題を考える際は、いくつか注意すべき点があります。まず一見すると、問題の直接の原因は侵略的外来種それ自身のように思えます。しかしそれを地域に持ち込んだのは他でもない人間であり、侵略的外来種が自ら好んではるばるその地域にやって来たのではありません。その意味で、問題の真の原因は人間や社会の側にあると言わざるを得ません。侵略的外来種の侵入・定着・拡大リスクを高めているＳＥＳをどうすれば変えられるか、という視点が必要になります。

また、生物多様性問題を考える上で重要なのはあくまで「侵略的外来種」であり、外来種のすべてではありません。ジャガイモやニンジンを栽培しても日本の生物多様性や生態系機能が大きく損なわれるわけではないので、今さらジャガイモやニンジンを日本から排斥しなくてもよいのです。

他方、侵略的外来種については確固たる対応が不可欠です。にもかかわらず、例えば侵略的外来種の駆除はゼノフォビア(外国人嫌い)を連想させるので心理的に抵抗がある、という人をしばしば見かけます。しかし侵略的外来種を駆除するのは、種としての属性ではなく振る舞いを問題にしているからなのであり、シカやイノシシによる農作物の食害(獣害)のように、仮に在来種であっても振る舞いに問題がある場合は同様に対応が必要になります(中井、2020)。したがって、侵略的外来種の問題をゼノフォビアの比喩で考えるのは適切とは言えません。

要因④ 地球温暖化

地球温暖化の進行とそれにともなう気候変動もまた、生物多様性問題を引き起こす要因です。日本における一例として、琵琶湖の事例をご紹介しましょう(図表5-3)。

琵琶湖最深部の水深はおよそ100mなのですが、そこには世界でも琵琶湖にしかいないアナンデールヨコエビ(*Jesogammarus annandalei*)やイサザ(*Gymnogobius isaza*)という固有種が生息しています。そしてその生息を支えているのが、毎年冬季に起こる琵琶湖の全循環(全層循環)という現象です。全循環とは、冬季に気温が低下し、酸素を多く含む表層部の水が冷やされて湖底へと沈み込み、それによって上層部の水と下層部の水が入れ替わる現象のことです。このように全循環には、湖底とそこに生息する生き物に酸素を供給するという大事な機能があります。

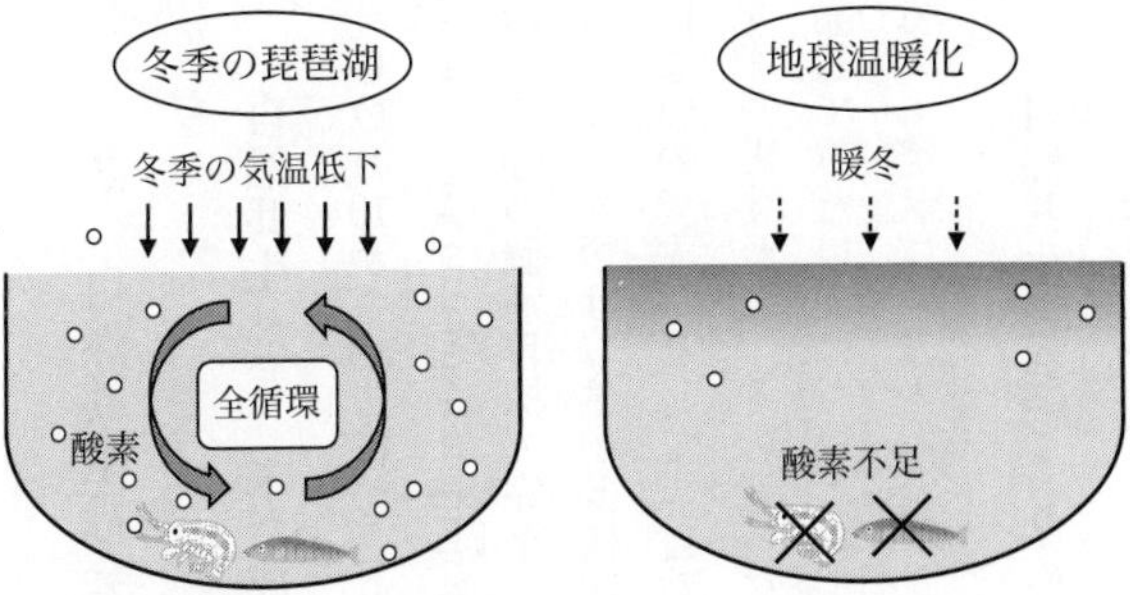

出典：筆者作成

図表5–3　地球温暖化と琵琶湖湖底の低酸素化

しかし近年、地球温暖化の進行も相まって暖冬傾向が続いており、全循環が観測されない年も珍しくなくなっていますが、そうなれば湖底が酸素不足状態となり、湖底の生き物は死滅してしまいます。地球温暖化によって固有種の絶滅リスクが高まっているのです。

悩ましいのは、滋賀県民約１４０万人がどれだけ頑張って二酸化炭素排出を削減しても、地球全体で見ればそれは大海の一滴に過ぎないということです。滋賀は昔から環境保全活動が盛んな土地柄で、官も民も地道に琵琶湖保全に取り組んできた伝統があります。しかし琵琶湖の低酸素化問題は、そんな足元からの環境保全のやり方をあざ笑っているかのようです。近年の環境問題のステージ変化のようなものを感じずにはいられません。

3　自然共生社会づくりを阻むもの

自然共生社会、未だ成らず

ＣＯＰ10から10年後の２０２０年9月、愛知目標の進捗評価報告書が公表されました（Secretariat of the Convention on Biological Diversity, 2020）。それによると「かなりの進捗が見られたものの、二〇の個別目標で完全に達成できたものはない」との厳しい評価が下されています。

つまり人類は、生物多様性問題を引き起こす社会や経済のメカニズムを制御するには至っていないのです。そして、自然共生社会を可能にするＳＥＳのモデルもまだ見出せていないのです。だとすれば、その背後にある要因のさらなる検討が次なる課題となるでしょう。本書が議論してみたいのは、以下のような自然共生社会づくりに特有の難しさです。主に日本を想定しながら考えてみましょう。

自然共生社会づくりの難しさ①　自然保護と生物多様性保全

生物多様性という言葉、そして自然共生社会の考え方が広まる以前、日本では**自然保護**という言い方が一般的でした。そしてその具体的な政策手段は、次の二つの方法が基本でした。

　第一の方法は、守るべき種を指定し、その捕獲を禁止したり生息地を保護したりするというものです。種の保存法や文化財保護法がその代表的な仕組みです。ただこの方法は、生態系というシステムの中から「種」という構成要素を個別に切り出すものであり、生態系全体を守ることを必ずしも意図していません。

　そこで登場する第二の方法が、一定範囲の区域を指定し、自然に悪影響を与える開発行為や土地利用の改変を規制するというものです。自然環境保全法や自然公園法に基づく環境省の取り組みがその代表であり、世界的には**保護地域（保護区）**と呼ばれる手法です。

　しかし、これら二つを軸とした自然保護には限界も多く、自然共生社会づくりを展開していく上で多くの課題に直面しているのが実情です。

　第一の方法については、さしあたり保護体制や監視体制の不十分さが指摘できますが、本書の関心から見てより重要なのは、「特に貴重というわけではないが生物多様性保全上は重要」といった種を守れない、という問題です。ちなみに日本の民法では、野生生物は無《む》主物《しゅぶつ》と見なされ、その所有権は初めに捕獲した人に属する、とされています（第二三九条1項「無主物先占の法理」）。このように日本の野生生物は「みんなのもの」ではなく「誰のものでもないもの」、というのが法律上の位置づけなのです。もしその野生生物が高い経済価値を有していたとしたら、その行き着く先は乱獲や盗掘に他なりません。

次に第二の方法ですが、開発規制に反対する他省庁の反発、それに省庁間の縄張り争いといった歴史的経緯もあり、保護地域の指定は十分広がっていません。加えて、第一の方法とも共通するのですが、この方法だと「特に貴重というわけではないが生物多様性保全上は重要」といった自然、例えば里山の自然は守れません。ちなみに昆明・モントリオール生物多様性枠組では、**30 by 30**（サーティー・バイ・サーティー）、つまり２０３０年までに世界の陸域・海域の30％以上を保全・管理対象とすることが、目標の一つに掲げられました。しかし日本の自然の多くは二次的自然であり、しかも稠密な国土に人間と自然が混在しているので、"30 by 30"を保護地域のような仕組みだけで達成するのはまず不可能です。むしろ日本ではＯＥＣＭ(**その他の効果的な地域をベースとする手段**)と呼ばれる手法、つまり工場緑地や社寺林のような、民間ベースの取り組みを軸とするエリアでの保全策が目標の帰趨を握っています。

自然共生社会づくりの難しさ② 「自然が相手」

自然共生社会づくりは、言わば「自然が相手」の取り組みです。しかしそれは、以下のような難問を引き起こします。

まず、そもそも生態系の「あるべき姿」とは何か、という問題です。素朴で観念的な自然観からすれば、人為的関与が極小化された、近代化以前の生態系がそれに該当するのかもしれません(ロマン主義的自然観)。そして生態学の分野にも、極相という考え方があります。これは、人為的関与を捨象した状態で遷移が進んで到達する、静的で均衡点のような状態を指しています。

それに対して近年の生態学では、生態系は人為的攪乱のような現象をも内包し、常に変化し続ける動的な存在であることがむしろ共通理解になっています。そこでよく参照されるのが、**レジリエンス**という概念です。日本語では「強靭性」や「回復力」などと訳されますが、生態系はある程度の変化が起きても、また元の状態に戻ろうとする力が作用します。しかしそれには限度があり(「閾値」)、それを超えると生態系はまったく別の状態に変化してしまい二度と元に戻ることはありません(「レジームシフト」)。つまり生態系の動的性質に鑑み、その「あるべき姿」を定式化するよりも、むしろ生態系の持つレジリエンスを見極めることの方が、自然共生社会づくりの場面では重要度を増しているのです。

そして生態系機能を守るには、あらかじめ生態系の仕組みを解明しておく必要がありますが、そこには**複雑性**や**不確実性**の問題が常に付きまといます。例えばあるエリアである種が失われると、それがどんなメカニズムを通じてどう生態系に作用し、いつどんな問題が現場で起こるのかといったことは、事前にはなかなか分からないものです。

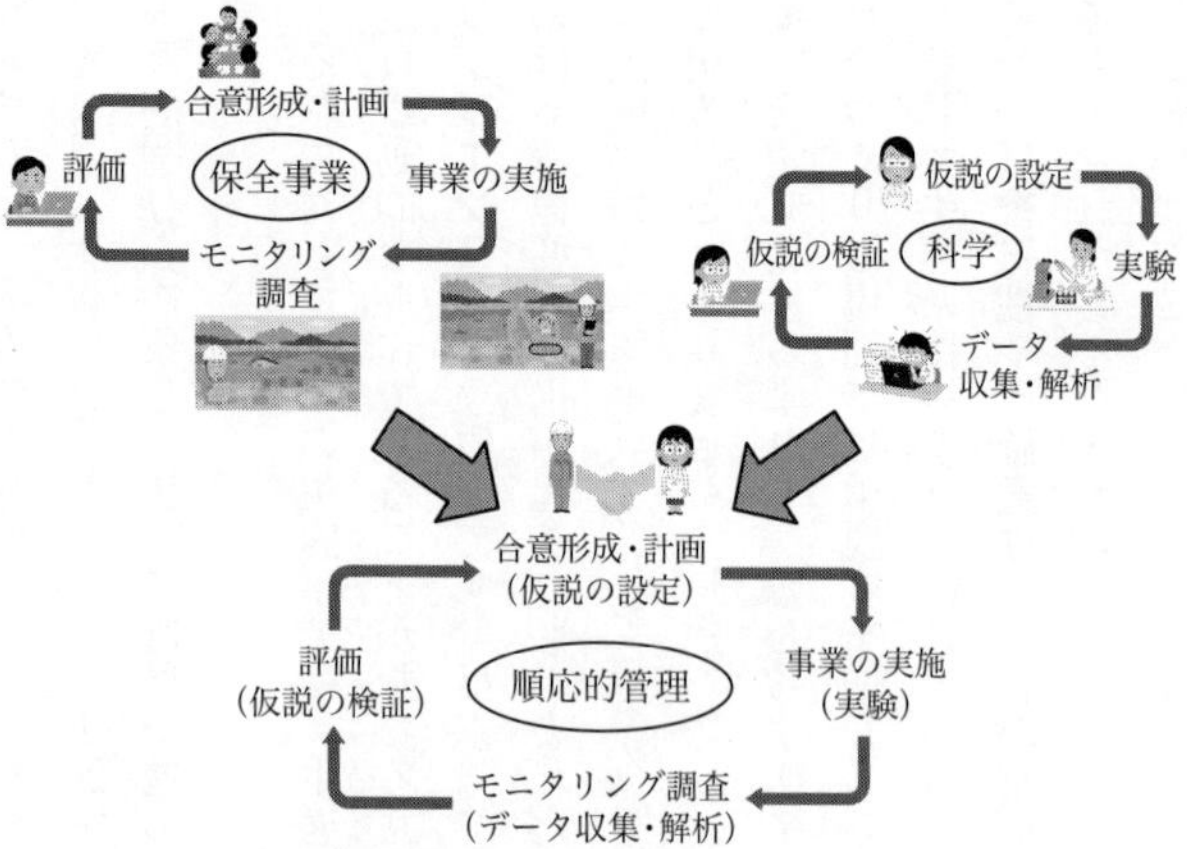

出典：日本生態学会編（2010）を参考に筆者作成

図表 5–4　順応的管理の仕組み

この複雑性や不確実性といった条件下で、自然共生社会づくりにおける意思決定をどう行っていけばよいのか？――この問いへの答えとしては、**順応的管理**というアイディアがよく知られています（図表5–4）。端的に言えば、保全事業のプロセスを科学的な**学習**のプロセスとリンクさせ、複雑で不確実な生態系メカニズムの解明を進めつつ、その知見を用いてより効果的に保全しようという試みです。ちなみに日本における先駆けとしてよく知られるのが、北海道環境科学研究センター（当時）による野生生物の個体数管理の取り組みです。ヒグマやエゾシカを対象に個体数推定モデルの構築や科学的なモニタリングを実施し、適正な個体数を維持しようというのがその狙いでした。

なお日本では、順応的管理は「トライ・アンド・エラー」、つまり何でもいいのでまずとりあえず実施してみて、思うような結果が得られなかったらまた別のやり方を試す、というアプローチだとしばしば誤解されています。そうではなく、「科学的な仮説検証プロセスを事前にデザインしておく」、「仮説検証プロセスの各フェーズを保全事業における各フェーズに埋め込んでおく」といった点がポイントです。

自然共生社会づくりの難しさ③　生物多様性保全の目的再考

生物多様性を保全する目的については、本章のはじめの方ですでに説明済みです。しかしそこでは触れなかったのですが、実は未解決の悩ましい理論的問題があります。

生物多様性を保全するのは、それが人間にとって有用だからである、というのが本書の基本的な立場です。生態系サービスという概念もまさにその典型ですが、人間にとっての生物多様性の価値のことを、生物多様性の**道具的価値**と言います。

ただこれに対しては、環境倫理学などを中心に人間中心主義的だとの批判が昔からあり、道具的価値に代えて**内在的価値**、つまり生物多様性は人間とは独立した、それ自体の価値を有すると主張される場合もあります。なお両者の対立は、生物多様性条約の策定準備会合の場でも顕在化し（堂本、１９９５）、その後成立した条約の前文冒頭部では、生物多様性が持つ価値として道具的価値と内在的価値の双方が併記されています。

さらに最近は、**関係価値**という第三の価値論も登場しています。道具的価値論にせよ内在的価値論にせよ、人間と自然を二分法的に見る点で実は共通しています。それに対して関係価値論では、人間と自然を切り離さず、双方が埋め込まれた特定の歴史的・文化的・社会的文脈のもとで生じるような価値の存在を重視します(例えば先住民の伝統的な自然文化や生活文化)。価値論に関するこれ以上の議論は他の専門文献に委ねますが、次の点だけはここで検討しておきましょう――道具的価値のみに焦点を当ててその他の価値を無視すれば、価値の過小評価となって保全が不十分になったり、保全をめぐる社会的意思決定が不当に歪められたりするのではないか、という問題です。これでは、持続可能な発展の実現はとうてい期待できません。

この点、本書としては、今はまだ道具的価値論の改善・改良に注力すべきフェーズであり、道具的価値論そのものを捨て去る必要はない、という立場を取りたいと思います。というのも、まず今後の生態学研究の進展次第では、未知の新たな道具的価値が見つかる可能性があるからです。それに、現段階ですでに解明されている道具的価値ですら、現実の市場システムや政治プロセスにおいて正当に評価されていないのが現状だからです。「道具的価値のみに焦点が当たると生物多様性が十分保全されないこと」は、「現実の生物多様性喪失の原因は道具的価値への偏重であること」を必ずしも意味しないのです。

4　生物多様性問題と環境ガバナンス

プライベートガバナンスの可能性――環境ガバナンスの民営化⁉

最後に、これまでの章と同様、環境ガバナンスという視点から、生物多様性問題や自然共生社会づくりに関するいくつかのトピックに触れておきましょう。

第2章で述べたように、「パブリックガバナンス」のケースでは、ひとまず政府という主体が舵取りを担うと想定しました。しかし近年、環境や人権といった領域を中心に、**非政府主体**の自発的なイニシアティヴを基礎とするガバナンスのもとで集合的利益が追求されるケースが増えています。そのようなガバナンスは**プライベートガバナンス**と呼ばれているのですが、以下では生物多様性問題領域の有名な事例を二つ紹介しておきましょう。

第一の事例は、企業やNPO・NGOが中心となって立ち上げられた、持続可能なパーム油のための円卓会議(RSPO, Roundtable on Sustainable Palm Oil)という組織の取り組みです。

アブラヤシの実を搾って作られる**パーム油(パームオイル)**は、大豆油や菜種油といった他の植物油に比べて低価格で生産効率も高く、さらに加工もしやすいといった利点があり、加工食品や洗剤、シャンプーなどさまざまな製品の製造に使われています。しかしその結果、インドネシアやマレーシアでは熱帯林が次々とアブラヤシ農園に変えられ、野生生物の減少や生物多様性の喪失が深刻化していました。

そんな中でRSPOが創設したのが、持続可能なパーム油に関する認証制度です。具体的には、生産段階やサプライチェーン段階で環境や社会に配慮していると認められたパーム油製品は、RSPOが定めた認証マークを付けられるというものであり、いわゆる**環境ラベル（エコラベル）**の一つの事例です。

第二の事例は、TCFD（第4章を参照）を模して立ち上げられた、**TNFD（自然関連財務情報開示タスクフォース）**という組織の取り組みです。

第4章で世界の機関投資家や巨大金融機関が脱炭素へシフトしていることを紹介しましたが、それと並んで今彼らの中で関心を集めているのが生物多様性です。「投資先の企業は自然環境にどれだけ依存しているのか」、「融資先の企業は自然環境にどんな影響を与えているのか」といった情報へのニーズが高まる中、自然関連財務情報の開示を企業に求めるべく、TNFDが主体となって現在そのフレームワークづくりが進められています。

以上、RSPOとTNFDという二つの事例を紹介しました。もし仮に熱帯林を保護したり環境情報の開示を企業に求めたりしたい場合、伝統的なパブリックガバナンスのもとでは、罰則をともなう法規制（ハードロー）という方法を適用するのが一般的でした。しかし最近は、RSPOやTNFDのような**ソフトロー**的なアプローチが増えているのです。当初はその環境保全上の実効性への懸念から、「環境ガバナンスの民営化」と揶揄されることもありました。しかし現実の世界でSDGsやパリ協定のような多中心的ガバナンスアプローチも広がる中で、プライベートガバナンスの到達点と課題を整理し、持続可能な発展に向けた方策を見出そうというのが、環境ガバナンス論の一つの研究トレンドになっています。

順応的管理から順応的ガバナンスへ——新時代の"act locally"

生態系の複雑性や不確実性に対処すべく提唱されている順応的管理ですが、実はいくつかの問題が指摘されています。

複雑性や不確実性で満ち溢れているのは、何も生態系だけではありません。社会も同様です。そしてSESのところで説明したように、環境と社会は相互に関連し合っています。よって複雑性・不確実性への対処は生態系だけでなく社会のレベルでも展開する必要があるのですが、順応的管理では社会の側の複雑性・不確実性が捨象されがちです。

あるいは、「事業のプロセスと科学のプロセスのリンク」を重視する順応的管理では、行政職員と科学者の連携がその成否の鍵を握ることになります。しかし順応的管理のフレームワークでは、それ以外の主体、例えば地域住民やＮＰＯ・ＮＧＯの位置づけが明確ではありません。言うまでもなく彼らは地域の重要なステークホルダーですので、実際には彼らの利害得失や価値観といった要素も事業の意思決定に反映させざるを得ません。自然共生社会づくりは、行政職員や科学者だけの仕事ではないのです。

そこでこのような問題を乗り越えるべく、近年新たに提唱されているのが、**順応的ガバナンス**というアイディアです（Miyanaga and Nakai, 2021）。これは社会の複雑性や不確実性も視野に入れ、なおかつステークホルダーの参加を重視する環境ガバナンスのアプローチを取り入れた、順応的管理の発展形になります。

環境問題の分野には、「地球規模で考え、足元から行動しよう（Think globally, act locally）」という有名な標語があります。科学とガバナンスの力を活用する順応的ガバナンスは、新時代の“act locally”として今後ますます注目されることでしょう。

第６章　上下水道とダムさえあればもう安心？
――水資源・環境問題と水資源・環境保全

真実は常に、逆説として非難され、つまらないものとして低く評価される二つの長い期間の間に、ほんの短い勝利の祝賀を与えられるに過ぎない。

――アルトゥール・ショーペンハウアー『意志と表象としての世界』

1　水と人間——水問題とは何か

水の星、地球

前章冒頭で地球を「生き物の星」と表現しましたが、地球は「水の星」でもあります。水なしに人間は生きられませんし、社会も存立できません。まず水それ自体がかけがえのない生態系サービスですし、ほぼすべての生態系サービスも水の存在を前提としているからです。人々のウェルビーイングを根底のところで支えているのが水なのです。

また、水なしに人間は生きられないし社会も存立できないということは、裏を返せば「人間や社会が存在するところ必ず水が存在する」ということでもあります。これは、水と人間の関係は自ずと密接にならざるを得ないこと、そして社会にはたいてい何らかの「水問題」があることを示唆しています。

水資源問題・水環境問題・水災害問題

では、私たちが直面する水問題、そして解決すべき水問題とはいったい何なのでしょうか？以下では水と人間の関係という切り口から、主に日本を念頭に置きつつ、水問題を次の三つに分類してみましょう。

①水資源問題

まず考えるべきは、水が持つ**水資源**としての側面です。第1章で説明したように、持続可能な発展の前提条件の一つは「包括的富の維持」ですが、そんな包括的富の一角を占める自然資本の象徴が、この水資源です。農業や工業などあらゆる産業で水は資源として使われますし、家庭でも生活用水（飲用水やトイレ、炊事洗濯）として用いられます。このような水利用のことを**利水**と言います。もし必要な水資源を確保できなかったり、水資源を社会で適切に配分できなかったりすれば、利水に支障をきたします（**水資源問題**）。

ちなみに利水について考える際、水と**土地**は不可分一体の関係にある、ということは常に意識しなくてはなりません。水がなければ人間はその土地に住めませんし、食料を生産することもできないからです。土地を土地として使うには、水が必要なのです。

そして右記以外にも、水の用途にはさまざまなものがあります。その一例は**水力発電**です。1910年代から1950年代にかけて、日本の発電システムは「水主火従」、つまり電力は主に水力発電でまかない、火力発電はその補完と位置づけるという時代があったほどでした。そして近年は、小規模河川や農業用水路を利用した**小水力発電**が、再エネ発電の一角を担う存在として注目されています。

あるいはさらに時代を遡ると、水は舟や筏を動かす動力源、つまり**水運**に不可欠な存在でもありました。明治時代に各地で鉄道の敷設が進むまで、人や物資の運搬の主役は水運でした。有史以来、日本人にとって河川は、現代の新幹線や高速道路のような存在だったのです。

②水環境問題

人間にとって水は「環境」でもあり、水環境の悪化もまた解決しなければならない問題です(**水環境問題**)。どれだけ水が豊富でも、例えば汚水を排出して**水質**を悪化させれば、その水を資源として利用できなくなりますし、ひいては私たちの生命や健康も脅かされかねません。それを知るには、四大公害のうちの三つが水質の悪化によって引き起こされたことを思い起こすだけで十分でしょう。

そして水環境問題は、水質の悪化以外にもさまざまな形で顕在化しているのですが、それについては後の節で詳しく議論します。

③水災害問題

水と人間の関係を考える視点として、水は時として洪水のような負の生態系サービスをもたらすという点も見逃せません(**水災害問題**)。人々から生命や財産を奪い、人々に埋め難い心の傷を負わせ、生活や生産の基盤を破壊し、膨大な災害廃棄物を残す――水災害は、さまざまな形で人々のウェルビーイングを損ないます。したがって水を治めること、つまり**治水**をどう進めるかも重要な課題になります。

とりわけ日本は、水災害に悩まされてきた歴史を持っています。その理由としてはまず、年間降水量が多く、しかも梅雨や台風のような集中的な降水イベントがあるという気象上の特徴が挙げられます(ただ海外には雨季と乾季の差が激しいような国もあるため、世界的に見ると比較的まんべんなく雨が降る方に属します)。また日本は、山間部を中心に急峻な地形が多い国土構造を持つため、森林に蓄えられなかった雨は瞬く間に河川へ流れ込み、急流となって駆け下りてしまうという事情もあります。しかも近年は、気候変動の影響もあってか大雨の頻度が増えており、水災害リスクを高める要因となっています。

そして他にも、日本の水災害リスクが高い理由があります。古くから水田稲作を軸とした自然・社会を築いてきた日本では、水田水利の視点なくして生活や生産の場を定めることができませんでした。また江戸時代になると全国各地で新田開発が盛んになりますが、その多くは河川の氾濫原だった低湿地のような場所を対象としていました。そして現代、人々の生活や生産の中心は都市に移りましたが、日本の都市の多くは河川氾濫によって形成された沖積平野に立地しています（そもそも日本の平野の大部分は沖積平野です）。しかもその沖積平野は、河川下流域の海岸近くに位置することが多いので、津波や高潮の被害も受けやすくなります。このように、人間と水の距離がとりわけ近くならざるを得ないのが日本の地理的特質であり、そのこともまた水災害リスクを高めているのです。

水問題の統合的解決

ここまで、水問題を水資源問題・水環境問題・水災害問題の三つに分類し概観してきました。水資源問題は本章第2節、水環境問題は第3節、水災害問題は第4節でそれぞれより詳しく述べるつもりです。

しかしその三分類はあくまで現状認識上の工夫に過ぎません。現実にはこの三つは相互に分かち難く結びついており、バラバラに解決を図ろうとしても対策の効果は上がりません。現場の具体的な課題に「水資源」「水環境」「水災害」という三つの視点から同時に光を当て、対応策を**統合的**に考えるという姿勢が有用です（尾田他、２０１６）。

そこで以降では、三つの水問題をひっくるめて**水資源・環境問題**と呼ぶことにしましょう。

そして、水資源・環境問題への対応や解決に向けた統合的取り組みのことを、**水資源・環境保全**と呼んでおきたいと思います。

2　水資源問題を考える――水資源が水資源になる条件

「日本は水が豊かな国か？」

「水の星」地球には、水が豊富に存在します。しかもありがたいことに、水資源は繰り返し使える再生可能資源です。太陽エネルギーによって海水が蒸発し、それが雲となって地表に雨や雪を降らし、河川や地下水となってふたたび海に流れ込むという具合に、水は地球上を循環しているからです（**水循環**）。その循環の範囲内であれば、私たちは水資源を文字通り「湯水の如く使う」ことができます。

にもかかわらず、日本でも水不足のような問題がしばしば起こるわけですが、それはなぜなのでしょうか？　そもそも日本は水が豊かなのでしょうか、それとも乏しいのでしょうか？

――結論を先取りすれば、それは「どんな視点に立つかでその答えは変わる」となります。

まず根本的な事実として、地球上に存在する水のうち人間が水資源として利用できるのはわずか0・8%しかありません。地球の水のほとんどは海水であり、淡水はわずか2・5%であることに加え、その淡水の多くは極地の氷という形で存在しているからです。

あと、日本の年間降水量は世界的に見ると確かに多い部類に入るのですが、国土の狭隘さや地形の急峻さといった自然条件もあって、一人当たりの年降水総量や水資源賦存量で見るとむしろ少ない部類に入ります。加えて、梅雨と台風による降水は年ごとの変動が大きかったり、日本列島は南北に長く気候も多様だったりといった自然条件も無視できません。水資源の利用可能性は時と場所によって異なる、と言うほかないのです。

ただ水資源の利用可能性を考える際、それが自然条件だけでなく**社会条件**によっても決まることを忘れてはなりません。もし人口や経済の規模が拡大して水利用が増えれば、当然水資源需給はひっ迫に向かいます。あるいは仮に、水資源の価値に比べて価格が極端に低かったり、オープンアクセス型(「誰のものでもない」)の水資源管理システムであったりすれば、水資源の過剰利用が起こりかねません。要するに、水の絶対量だけを見ていても水資源の利用可能性は判定できないのです。

また、水資源を水資源として利用するには、ただ水資源が存在するというだけでは駄目で、そこに人間や社会からの働きかけが合わさる必要があります。中でも重要なのは、水路・ため池・ダムといった**インフラ**の整備や維持管理です。一人当たりの値で見ると決して豊かとは言えない水資源を一応それなりに使えているのは、このようなインフラの恩恵によるところが大きいと言えるでしょう（沖、２０１２）。そしてそれは、先人たちの血のにじむような努力の賜物でもあります。行基（６６８-７４９）の改修で有名な狭山池（大阪府）や、空海（７７４-８３５）の改修で有名な満濃池（香川県）は、現在もため池として立派に機能しています。

しかもこれらのインフラは、各人がバラバラに整備・利用・維持管理することが技術的にも経済的にも不可能であり、人々の共同的・集合的な営みがあってはじめて効果的に運用できるという性質を持っています。それを可能にする制度や仕組みの存在もまた、水資源の利用可能性を高めるのに不可欠です。

さらに、「水は豊かなのか乏しいのか」といった問いは、基本的に**流域**という空間、つまり降雨・降雪がその河川に流れ込む土地の範囲を単位として議論する必要があります。水は重たく、基本的に遠くへ運べないため（技術的には可能でも経済的に割に合わない）、流域の外にどれだけ水資源があったとしても意味がないからです（沖、２０１２）。その意味で、利用可能な水資源量を国民一人当たりの平均値で算出することに意味はあまりないのです。それよりも、流域面積は大きいのか小さいのか、あるいは上流域で水資源をたくさん使うと下流域でどんな悪影響が出るのかといった点の方が重要だったりします。

加えて、河川や湖沼のような表流水だけでなく、**地下水**の存在も重要です。世界的にはむしろ、地下水に水資源を依存するところの方が多いくらいです。20世紀以降、世界的に食料増産が進んだ要因の一つは地下水の大量利用にありました。そして日本にも、水道水のほぼすべてを地下水でまかなう熊本市(熊本県)や宮古島(沖縄県)のような地域があるほか、他の地域でも酒造や染織物、道路の消雪などさまざまな用途に使われています。また近年は、表流水の渇水や断水、水質事故などのリスクに備え、代替水源を確保する観点から、災害用井戸としての利用に注目が集まっています(Endo et al., 2022)。

なお参考までに、オストロムが若かりし時に執筆した博士論文は、地下水管理がテーマでした(Ostrom, 1965)。地下水は典型的なコモンプール資源であり、これが後のコモンズ研究へとつながっていくのです。

水資源利用の実態から見えてくる課題

次に、日本における水資源利用の実態を見ながら、水資源の利用可能性確保に向けたポイントを考えてみましょう。

まず重要なのは、日本で最も多く水資源を使用しているのは**農業用水**だということです(世界的にも同様)。その理由としてはまず、農地の方が都市に比べて面積当たりの水使用量が圧倒的に大きいという、水利特性の存在があります。ですが日本の場合、より重要な理由として、農家が多くの**水利権**（河川の流水を利用する権利）を保持している点を考慮しなくてはなりません。水資源を大量に利用する農業用水を合理化できれば、水資源の利用可能性確保も進むと見込まれるのですが、以下説明するように、それはなかなか簡単ではないのです。

日本では、水利権は１８９６（明治29）年にできた**河川法**という法律の中で規定されています。水利権を行使するには、**河川管理者**（河川やその管理施設の管理責任を負う主体で、例えば「国土交通大臣」「都道府県知事」というように河川ごとに決められている）からの許可を必要とします（「許可水利権」）。しかし水田稲作を軸とした歴史を刻んできた日本には、河川法が誕生するはるか昔から、慣行水利権という形で農業水利秩序の形成が進んでいました。河川法は、そんな昔からの慣行水利権をそのまま追認する形で許可水利権を与えています（「みなし水利権」）。このような状況もあり、農家用水利用の合理化はなかなか進んでいないのが現状なのです。

一方、農業用水とは対照的に、使用量の減少が顕著なのが**工業用水**です。高度経済成長期、水資源を大量に使う重厚長大型産業の拡大とともに工業用水の使用量もピークを迎えたのですが、工場内での水の再利用が進んだり、産業構造自体がサービス業中心型にシフトしたりした結果、工業用水の使用量も低下したのです。

しかし歴史を遡ると、工業用水の確保は長年の国家的懸案でした。明治以降の近代化とともに産業や都市も発展し、水資源需要が急増しますが、慣行水利権で守られた農業用水がすでにその大部分を押さえており、割って入る隙が無い状態でした。そこでまず目をつけられたのが地下水であり、戦前・戦後にかけて大量にくみ上げられたのですが、その結果各地で**地盤沈下**が発生し、建造物被害や水災害激化につながります。

そして次なる水資源開発の手段として、1950年代から60年代以降推進されたのが**ダム**の建設でした。それは地下水利用の鎮静化や水資源の安定供給に寄与した一方、別の新たな諸問題を引き起こし、ダムの是非をめぐる激しい議論を惹起します。その一つに、ダムの建設・操業にともなう環境問題があります(後の節で詳述)。

以上、農業用水と工業用水について見てきましたが、近年それだけでは水資源利用のリアルな実態を摑まえられなくなっていることも指摘しておきましょう。その背後には、以下示すように経済のグローバル化の進展があります(沖、2012)。

既述の通り、水は基本的に流域を超えて遠くに運べません。しかし水を使って生産されたモノであれば、流域を超えて運ぶことが可能です。つまり、水はモノに形を変えて運ばれていると見なせるわけであり、その水のことを**バーチャルウォーター**(**仮想水**)と言います。例えば、日本は農産物を大量に輸入していますが、それを生産するのに費やされた水も併せて輸入していると考えるのです。中でも、輸入依存度の高いトウモロコシや大豆、小麦、牛肉は、生産に大量の水を必要とします。日本に住む人は、日本の水だけで生きているわけではないのです。

そして、日本が持続可能な社会なのかどうかは、日本だけを見て判断してはならないのです。

日本の水道事業――仕組みと現状

水を使うと言った場合、多くの人がまず思い浮かべるのは**水道**ではないでしょうか？　日本初の近代水道は１８８７(明治20)年に横浜で誕生し、そこから普及が始まりますが、その主たる目的は公衆衛生の実現でした(コレラなど水系伝染病の防止)。そして今では、水道普及率は98・1％(２０２０年度)という高みに到達しています。水道は、水資源を水資源として利用するのを可能にしてくれる重要なインフラなのです。

河川や湖沼から取水して浄化し、水道管を通じて各利用者に配水する水道事業ですが、日本では**地方公営企業**(地方自治体が経営する公営企業)が行うこと、そして原則として市町村が経営することが、法律によって定められています。水道事業は民ではなく官の仕事なのです。

そんな日本の水道事業が今直面する最大の問題が、**経営赤字**の拡大です。もし赤字拡大に歯止めが利かず、水道施設の維持管理や更新が滞るようなことになれば、それこそ一大事です。

そこで国は、水道の基盤強化を図るべく、２０１８(平成30)年に**水道法**を改正します。その主たる目的として、①広域連携(市町村をまたぐ事業統合や経営の一体化を通じた合理化)、そして次節で説明する②**官民連携**の推進がありました。なお参考までに、この二本柱はごみ焼却施設運営の分野でも推進中であることを申し添えます。

コンセッションは水道の基盤強化につながるか？

官民連携とは、**パブリック・プライベート・パートナーシップ**（**PPP**）の日本語訳であり、官と民の連携に基づく公共サービス供給の仕組みの総称です。その中の一つの形態であり、水道法改正を機に地方自治体の判断で水道事業への適用が可能になったのが、**コンセッション**（公共施設等運営権制度）という仕組みです。その主要なポイントは次のように整理できます。

①水道施設の所有と運営を分離し、地方自治体が所有権を保持しつつ、運営権のみを民間事業者に委ねる（地方自治体と民間事業者が数十年にわたる長期契約を結ぶ）。
②水道事業そのものは民間事業者が運営し、地方自治体は水道事業のモニタリングや水道料金の枠組み（上限）設定へと役割が移行する。
③払われた水道料金はその民間事業者の元に入り、運営権取得費や運営経費を差し引いた分がそのまま民間事業者の利益になる（効率的な経営インセンティヴへの期待）。
④その民間事業者は、水道施設の運営権を担保に民間金融機関などから融資を受けられる（プロジェクトファイナンス）。

宮城県は、2022年4月から上下水道や工業用水道を対象にコンセッションを導入しています。そして他の地域でも導入に向けた動きがあるなど、長らく官の仕事とされてきた水道事業は一つの転換点を迎えています。ただ水道事業へのコンセッション導入の賛否をめぐっては、宮城県も含め各所で激しい議論が交わされています。なお本書はコンセッション導入にやや否定的な立場を取るのですが、その理由は次の通りです。

水道事業の赤字拡大という憂慮すべき事態を前に、まず着手すべきは、赤字拡大メカニズムの正確な把握です。そのことを、最も初歩的な損益分岐点モデルを使って考えてみましょう。

水道事業は、水道管の敷設・維持管理などが費用の大半を占める、典型的な**固定費型ビジネス**です(太田、2019)。そして固定費型ビジネスは変動費型ビジネスに比べ、売上高の減少が赤字の急拡大に直結する費用構造を持ちます(図表6-1)。ここから言えるのは、水道事業の赤字拡大の主因は水需要の低迷にあるのではないかということです(さらにその背景には人口減少、産業構造の変化、節水技術の進展などがあります)。

同時に図表6-1を見ると、変動費型ビジネスでは「コストの削減」による赤字削減効果が大きいのに対し、固定費型ビジネスではむしろ「売上高の増加」による赤字削減効果が大きい、という特徴が浮かび上がります。しかしコンセッションは、コスト削減のための処方箋として

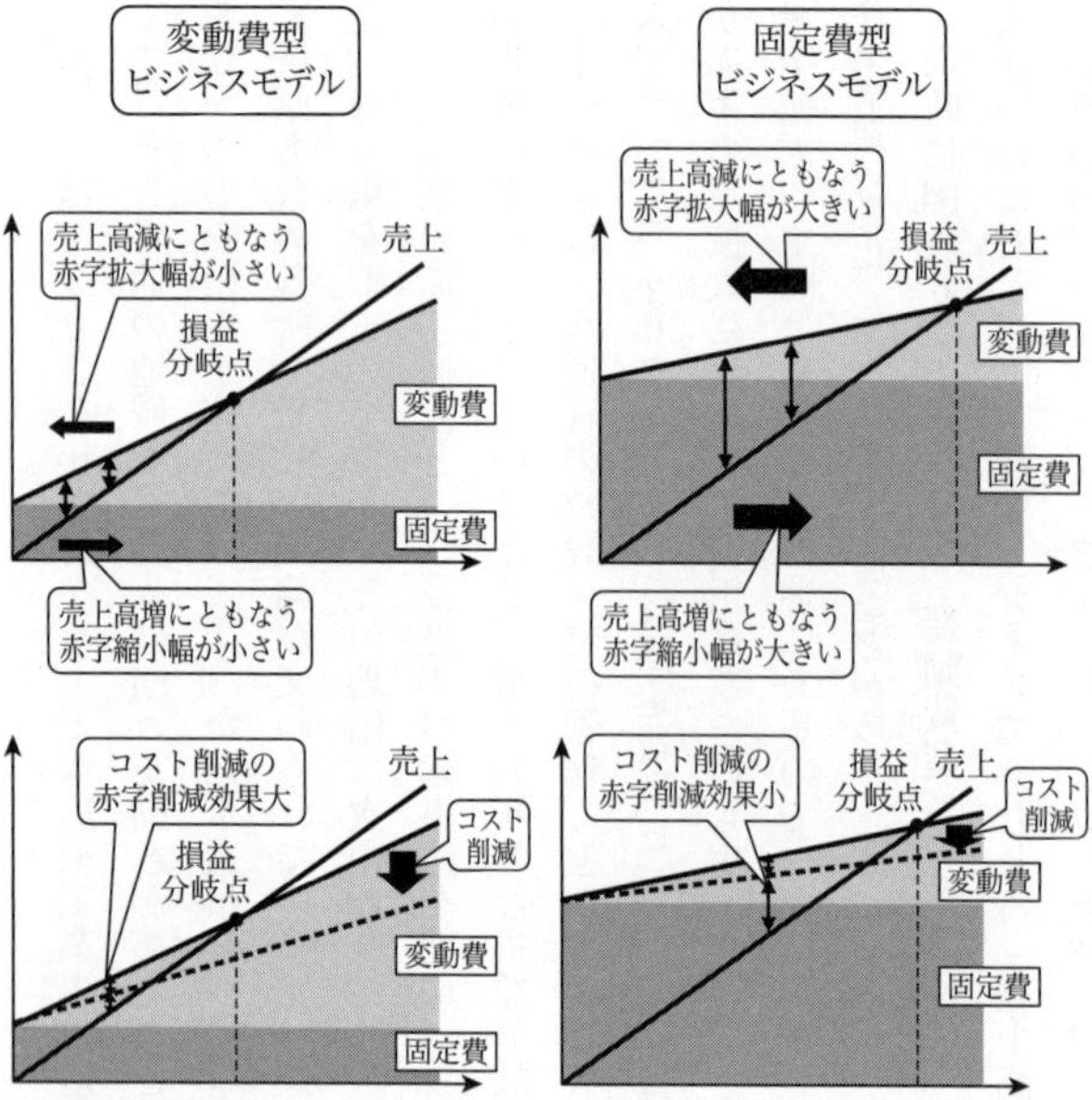

出典：筆者作成

図表 6–1　変動費型ビジネスモデルと固定費型ビジネスモデル

はともかく、売上高の増加に対する効果は未知数と言わざるを得ません。

また水道法改正は、表向きには「水道の基盤強化」を目的に掲げてはいるものの、そこには隠された別の意図があるような気がしてなりません。

政府はこの10年近く、国策として**水ビジネス**の振興を官民一体で進めてきました。世界では、新興国や発展途上国を中心に経済成長と都市化が進み、水インフラの需要も急速に高まっています。日本企業はそれをビジネスチャンスととらえ、水インフラの設計・建設・運営管理を一体として受注すべく攻勢を強めてきました。そして政府も、経済成長戦略や外貨獲得の観点からそれを後押ししているという状況です。日本の水道事業は今、公衆衛生から産業政策へとその政策的位置づけを大きく変えようとしているのです。

ただ残念ながら日本企業は、フランス勢を中心とした水メジャーと呼ばれる巨大有力企業の後塵を拝し続けています。というのも、日本勢は施設整備などハード面に強みを持つ一方、例えば料金徴収システムの構築・管理のようなソフト面も含めた、水道事業全体の運営に関するノウハウや実績に乏しいからです。日本の水道事業は長らく官の仕事でしたので無理もありません。対照的に水メジャーは後者に強みを持っており、世界の水インフラビジネスでその力を発揮しているのです。

そんな中実施された水道法改正とコンセッション導入には、日本を水ビジネスの練習台(?)にしたいという、官民双方の密かな意図が感じられます。まずは水メジャーとも組んで日本でノウハウ獲得と人材育成に勤しみ、国際競争力を高める。そして海外案件の受注を増やし、世界規模で「売上高の増加」を図る。おまけにプロジェクトファイナンスが盛んになれば、低金利や金融グローバル化の中で苦境に立つ国内金融機関の利益機会創出にもなる――そんなシナリオが描かれているのかもしれません。これがそのまま実現すればいいのですが、シナリオ通りにいかなかった場合に誰がその尻拭いをさせられるのか、というのが気になるところです。

3　水環境問題とその広がり——下水道だけで問題は解決しない

水質の悪化

東京都水道局が、都内一般家庭を対象に用途別の水使用量を調べたところ、上位から順に「風呂（40％）」、「トイレ（21％）」、「炊事（18％）」、「洗濯（15％）」との結果が出ました（東京都水道局「平成27年度一般家庭水使用目的別実態調査」）。ここで改めて気付くのは、生活用水の大部分は汚れをとるのに使われるという事実です。私たちが家庭で水を使うのは、水そのものを消費するというよりも、むしろ水が持つ「汚れをとる」という性質を利用している面が大きいのです。下水道の整備が十分でなかった時代、その汚れは**生活排水**として、そのまま河川や湖沼、海域へと流れ込みました。その結果起こったのが**水質**の悪化です。

環境のシンク能力の範囲内であれば、ありがたいことに、その汚れは自ずと分解・浄化されます。しかし、その能力を超える量の排水が放出されれば水質は悪化します。有機物（炭水化物やタンパク質のようなものをイメージしてください）を含む大量の排水が引き起こす**汚濁**、そして窒素やリンの濃度が高まる**富栄養化**がその代表と言えるでしょう。

加えて、自然で分解・浄化されない物質を含む排水も、当然ながら水質を悪化させます（**水質汚染**）。例えば足尾鉱毒事件を引き起こした重金属類、あるいは水俣病の原因物質であるメチル水銀化合物などです。水質汚染の場合、生活排水よりむしろ工場排水が原因となるケースが増えます。

以上説明してきたのは、主に表流水における水質悪化でしたが、地下水でも水質が悪化するケースがあり（**地下水汚染**）、地下水利用を図る上でネックになっています。例えば、半導体や金属部品、衣服のドライクリーニングの溶剤としてかつて大量に使われたトリクロロエチレンがあります。これは扱いやすく脱脂力も高いといった長所がある一方、人体に入ると健康被害をもたらすリスクがあるやっかいな物質であり、かつてアメリカのシリコンバレーなどで大問題になりました（当時は「ハイテク汚染」と呼ばれました）。また地下水汚染や健康被害を引き起こす物質としては、硝酸性窒素も忘れるわけにはいきません。畑地や牧草地に過剰投入された化学肥料、あるいは屋外に野積み状態で放置された畜産廃棄物などがその発生源になり得ます。

下水道だけで水質は改善しない

日本の河川・湖沼・海域の水質は近年改善傾向にありますが、その実現に貢献したのは、水質汚濁防止法による排水規制（主に工場排水が対象）、そして**下水道**による排水処理（主に生活排水を想定）という二本柱です。

ただ、下水道は水質改善の万能薬ではないことには注意が必要です。例えば**マイクロプラスチック**は下水処理では対処できませんし、最近は難分解性有機物と言って、下水処理で分解されにくい有機物が排水中に増えていると言われています。

あと、水質悪化の原因物質は、家庭や工場のように発生源を特定できる場所（ポイントソース）からのもの（**点源負荷**）に加え、市街地や農地のように特定しにくい場所（ノンポイントソース）からのもの（**面源負荷**）もあります。しかし下水道は、面源負荷のすべてを処理できないのです。

下水道には、大きく分流式（汚水と雨水を分けて別の管渠で流す）と合流式（汚水と雨水を合わせて処理する）という二つの方式があります。分流式では、面源負荷を含んだ雨水はそのまま河川や海へと流れていきますし、合流式でも大雨が降って雨水が一気に処理場に流れ込めば、処理が間に合わずほぼそのまま処理場の外へ溢れ出てしまいます。

それに、下水道は別の環境問題を新たに引き起こした面もあります。その典型は、第3章で紹介した汚泥の大量発生でしょう。あるいは、流域の水循環を大きく変える流域下水道（複数の市町村にまたがる広域的な下水道）は、河川の流量低下や瀬切れ（河川の一部で一時的に水が途切れる現象）の発生リスクを高めるなど、河川生態系への悪影響が懸念されています。

加えて、下水道には経済性という大きな壁があり、低人口密度地域では投資効率が低く、維持管理や更新にも莫大な費用がかかります。したがって、あらゆる排水を下水道で処理するというのは画餅だと言わざるを得ません。

多様化する水環境問題

そして他にも、下水道を万能薬と考えてはならない理由が存在します。それは、下水道の射程を超える水環境問題が次々に顕在化するなど、問題の多様化が進んでいるためです。代表的な例をいくつか挙げておきましょう。

まず、河川・湖沼・湿地をはじめとする**淡水生態系**の劣化です。陸域生態系などと比べて淡水生態系はレジリエンスが弱く、一度損なわれると回復が容易ではありません。例えば魚や貝といった生き物を想像してみてください。もし水質が急激に悪化したり、開発や河川改修で生息・生育環境が損なわれたりしても、魚は水の外に逃げられませんし、貝はその場を素早く立ち去ることすらできません。

なお淡水生態系は、侵略的外来種の侵入・定着リスクが高い生態系でもあります。国際環境団体ＩＵＣＮが作成した『世界の侵略的外来種ワースト１００（*100 of the World's Worst Invasive Alien Species*）』というリストを見ると、掲載されている侵略的外来種のうちおよそ４分の１が淡水生態系関連のものとなっています。

また、**文化的景観**の喪失も大きな問題です。有名な景勝地から里山的自然に至るまで、さまざまな文化的景観で水は登場します。水環境は、人間や社会との歴史的相互作用の中で育まれた二次的自然(前章を参照)であるケースが多いからです。

そして、第3章でも論じたプラスチックごみの問題があります。海洋流出プラスチックごみや漂着ごみの問題は、ごみ問題と水環境問題の境界に位置する問題だとも言えます。

4 水災害問題の考え方——水害リスク低減とその方法

寺田寅彦の慧眼

水資源にせよ水環境にせよ、水は人間に恵みをもたらしてくれる存在でした。しかし水は、時として人間に牙を剝き、災いをもたらす存在でもあります。本節では洪水や治水といったテーマについて、**災害**という視点から考えてみましょう。

戦前の物理学者・随筆家・俳人である寺田寅彦(1878-1935)は、災害について次のような興味深い言葉を残しています(寺田、1938)。

文明が進めば進むほど天然の暴威による災害がその劇烈の度を増す

私たちは、文明が進むと科学技術も発達するので、災害も減るはずだとつい考えがちです。しかし寺田はそのような考え方を退けます。その理由は以下の通りです。

まず、「文明が進むに従って人間は次第に自然を征服しようとする野心を生じた」からです。科学技術が発達して「重力に逆らい、風圧水力に抗するようないろいろの造営物」を人間が作れるようになったことが、災害を大きくしていると彼は考えたのです。科学技術の自然制御能力に対する根本的な問題提起です。

寺田寅彦

それに寺田は、システム脆弱性の問題も挙げています(これについては第4章でも説明しました)。「人間の団体、なかんずくいわゆる国家あるいは国民と称するものの有機的結合が進化し、その内部機構の分化が著しく進展して来たために、その有機系のある一部の損害が系全体に対してはなはだしく有害な影響を及ぼす可能性が多く」なった、というのが彼の見立てです。関東大震災(1923

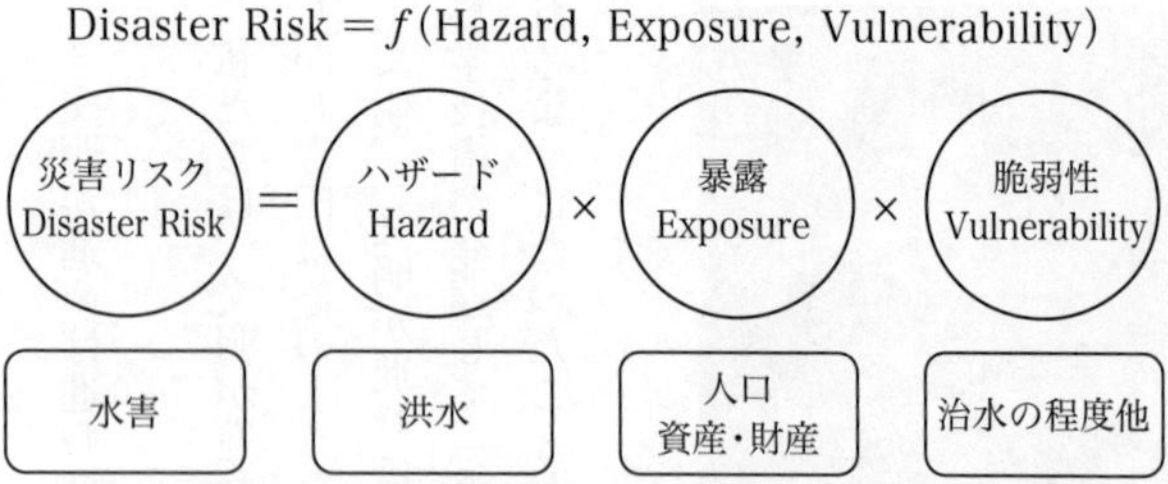

出典：Spalding et al., 2014 などを参考に筆者作成

図表 6-2 災害リスクの要因分析と水害

年)を経験した寺田は、政治・経済・文化の中心地東京で起きた災害の影響が、広く日本全体に及ぶのをその目で見たのでした。

つまり寺田は、災害の大きさは自然条件だけでなく**社会条件**、つまり人間や社会の側の要因によっても決まるということを指摘しているのです。災害の持つ天災の側面と人災の側面の双方に目配りした、と言い換えてもよいでしょう。まさに慧眼と言うほかありません。

ハザード・暴露・脆弱性から見た水害メカニズム

寺田的な災害観は、近年の災害研究ではむしろ常識となっており、DRR(Disaster Risk Reduction, 災害リスク低減)論と呼ばれる研究領域として結実しています。一般にもなじみ深い言葉で言い換えれば、**防災・減災**となるでしょうか。

DRR論の有名な分析枠組みの一つに、災害リスクの要因分析があります。災害リスクの大きさは**ハザード・暴露・脆弱性**

という三つの要素で決まる、というモデルがしばしば用いられます(図表6-2)。

最初の**ハザード**は、水害で言えば例えば洪水が該当します。水害リスクの大きさを決める要素の一つは洪水の規模である、というわけです。ただDRR論のポイントは、「洪水」と「水害」を峻別し、洪水の規模は水害リスクの大きさを決める一つの要素でしかない、と考える点にあります。ではそれ以外は何かというと、暴露および脆弱性です。

暴露は、水害で言えば、洪水にさらされている人口や資産・財産の規模を示しています。同じ規模の洪水でも、暴露の度合いが大きい地域と小さい地域とでは災害リスクの大きさも変わる、と考えるのです。すでに述べたように、現代の日本は沖積平野が生活や生産の中心であり、そこに人口や資産・財産も集中していますので、水害リスクは一層高くなります。

そしてもう一つの**脆弱性**は、平たく言えば、損害や被害の受けやすさを表す言葉です。洪水の規模が同じで、人口や資産・財産の規模も同程度だったとしても、例えば「治水が行き届いた地域とそうでない地域」、「防災意識が高い地域とそうでない地域」、「高齢化率が高く避難困難者が多い地域とそうでない地域」とでは、当然ながら水害リスクの大きさは変わります。

以上がDRR論における災害リスク要因分析の概要です。ここから分かるのは、防災・減災を実現するには「自然を相手にする」のはもちろん、「社会や経済を相手にする」という発想も不可欠になるということです。暴露や脆弱性という要因は、自然的なものに加えて社会経済的なものからも構成されているからです。そして、暴露や脆弱性を制御するには、工学的・技術的な対策に加えて制度的な対応も必要だからです。

ダム・堤防と治水

ではここからは、日本を念頭に治水について具体的に議論していきます。治水の手段として、まずみなさんが思い浮かべるのは、やはり**ダム**や**堤防**ではないでしょうか。しかしダムを治水目的に使うという構想の歴史は比較的浅く、日本では明治時代になってからのことでした(大野、2015)。そしてその構想が形となって本格的に展開したのが、1937(昭和12)年に始まる河水統制事業という国家プロジェクトです。その主な狙いは、洪水を上流部のダムに貯水しておき、渇水時にそれを資源利用するというものであり、利水と治水を目的とした、今で言う**多目的ダム**の性質を持ったものでした。

そして戦後から1950年代くらいまでは、本章のはじめで述べたように、電源開発を軸としたダム建設が進みます。そしてさらに1960年代になると、都市部への人口集中や高度経済成長を背景に、河川開発の重点が電源開発から都市用水へ移行するのですが、それと並行して推進されたのが洪水制御でした。なお近年は、水資源利用が低下しつつあることを受け、治水目的のダムの割合が増える傾向にあります。

このような歴史を経て構築されてきた日本の治水システムは、基本的には「ダム＋堤防」というパッケージを核に据え、河道から水を一滴も漏らさず海へ流す、という発想に立ちます（最近はやや転換の兆しがあるのですが、それについては後述します）。

ダム・堤防と環境問題

しかし「ダム＋堤防」というパッケージには、本書のテーマである環境問題から見て、看過できない副作用がいくつかあります。

まず、ダムや堤防は**河川の連続性**を寸断します。その一つは、上流から下流にかけての「縦断方向の連続性」であり、その代表は何と言っても、ダムによる魚の河川遡上阻害（サケ・アユなど）でしょう。そしてもう一つは、川の中（水域）から川の外（陸域）にかけての「横断方向の連続性」であり、例えば堤防による水陸移行帯（エコトーン）の分断・減少が挙げられます。淡水生態系の劣化・喪失が進んでいると指摘したのを、改めて思い出してほしいと思います。

次に、ダムで蓄えられた水はしばしば富栄養化します。富栄養化は、ダムや湖沼のような閉鎖性水域で起こりやすいのです。そんな水がそのまま放流されれば、河川や海の水質を悪化させ、漁業被害などをもたらす恐れがあります。

さらに、ダムは海岸浸食の一因にもなります。河口付近の海岸の砂は、もともとは河川によって上流から下流、そして河口部へと運ばれてきた土砂です。しかしその多くが上流のダムでせき止められ、土砂供給を絶たれた海岸は、波浪で間断なく削られ続けるのです。

巨大な構造物である堤防は、昔ながらの水辺景観を一変させてしまう恐れがあります。水害リスクの低下と引き換えに、もしかしたら私たちは、万葉集や古今和歌集で描かれたような風景を永遠に手放しているのかもしれません。

ダムの水害リスク低減効果

とはいえ河川管理者の側も、環境問題からまったく目を背けてきたわけではありません。最近は、魚が川を遡上できるよう魚道を取り付けたダムが増えています。また、京都市の西に嵐山という観光地がありますが、そこを流れる桂川と渡月橋を中心とした文化的景観を守るため、堤防は可動式のものが付けられています(可動式止水壁)。

このような、治水と環境保全の両立に向けた試みが進んでいるわけですが、話はここで終わりません。というのも、近年のダム批判は環境問題もさることながら、むしろ治水効果そのものに向けられるケースが増えているからです。「目的=治水」「手段=ダム」という構図自体が挑戦を受けているのです。

ダムの水害リスク低減効果をめぐる論点としては、以下のようなものがあります。

まずやはり何と言っても、気候変動を背景とした大型台風や局所的集中豪雨の増加傾向です。もちろんそんな場面でも、ダムは各地で大いに力を発揮しています。しかし同時に、河道から水を一滴も漏らさないという治水アプローチは明らかに曲がり角を迎えています。河道に流入する水そのものを減少させたり、氾濫する可能性を織り込んでその被害を軽減させたりする取り組みなしに治水は実現できない、との考え方が共感を集めつつあります。

そして、すでに言及した土砂堆積の問題です。土砂堆積はダム貯水量の低下、そしてダムの治水効果の低下を引き起こします。日本の国土は地形が急峻で、世界的に見ると個々のダムの規模が小さいため、この問題はとりわけ深刻です。

土砂堆積の背景には、放置山林の増加や治山事業の遅れがあり、それが山林からの土砂流出に拍車をかけています。そして放置山林に大雨が降ると、土砂とともに大量の樹木も流出し、流木となって洪水の威力を増大させ、橋梁や各種構造物を破壊して回るのです。

河川のすぐそばで土地開発が進んだことも見逃せません。例えばダムがいったん完成すると、これでもう安心と言わんばかりに川岸近くで宅地開発が始まるのですが、そんなエリアを洪水が襲うと被害がたちまち拡大します。また、現代の市街地や道路はコンクリートで舗装されるのが当たり前になっています。そんな場所に降った雨は地面に染み込むことなく、そのまま河川に流れ込みますが、そのすべてをダムや堤防で受け止められる保証はありません。ダム治水を構想した明治の河川土木学者、それに河水統制事業を立案した戦前の河川官僚たちは、その後の高度経済成長期を経てまさかここまで川岸に宅地が建ち、地面がコンクリートで覆われるとは想定していなかったのではないでしょうか。

以上、ダムの水害リスク低減効果に関する論点を見てきました。前節で紹介したダム関連の環境問題は、どちらかと言うと、ダムという構造物自体に内在する要因が引き起こしたものでした。それに対して今見てきたダムの治水効果の低下問題は、ダムを取り巻く時代や社会の変化といった要因がその背景にあるという違いがあります。社会条件にも目を向けなければ防災・減災は実現できない——寺田寅彦はまだ生きているのだとつくづく感じます。

では「ダムや堤防の力で河道から水を一滴も漏らさず海へ流す」という治水アプローチに代替策はあるのでしょうか？　そして、どうすれば水害リスクをより効果的に低減できるのでしょうか？　これについては近年、**流域治水**という新しい治水コンセプトが注目されています。その嚆矢となった滋賀県では、川の中の対策（洪水を川の中に閉じ込める）と川の外の対策（氾濫しても人命を守り被害を減らす）を一体的にとらえ、治水政策の中に位置づける取り組みを行っています。言い換えれば、ハザードの制御だけでなく暴露や脆弱性への対応も併せて実施し、水害リスクを効果的に減らそうとしているのです。そして国レベルでも、２０２１年に流域治水関連法（正式名称：特定都市河川浸水被害対策法等の一部を改正する法律）という法律が成立しました。

自然共生社会再考

前章のキーワード「自然共生社会」の**共生**という言葉の意味は、災害の存在を考慮すると、修正を余儀なくされます。前章では、「人間は自然の恵みを享受する」、「恵みを享受したい人間によって自然が守られる」といった関係性が念頭に置かれていました。しかしここで新たに、「人間は自然からの災いにも向き合う」、「自然に立ち向かったり自然と折り合いをつけたりといった形で、人間と自然が共存する」といった側面が加わることになります。自然共生社会とは、自然に対する畏怖の念を抱いていた先人たちの知恵や経験に学ぶ社会でもあるのです。

5　水資源・環境保全とガバナンス

流域ガバナンスとガバメント

水がしばしばコモンプール資源の性質を持つ点にも表れていますが、水は「みんなのもの」です。したがって、ガバナンス論は水資源・環境保全の文脈でもよく参照されますし、**流域ガバナンス**といった用語もあるくらいです。しかし現実の日本の水資源・環境保全は、ガバナンスというよりガバメントが軸となっているのが現状です。

例えば河川は、法的には公物《こうぶつ》と位置づけられ、河川管理者つまり行政が排他的に管理するのが基本的な姿です。河川は「みんなのもの」というより「誰のものでもない」のだ、だから勝手に使わせてはならない、そのために行政が権力を行使して管理する必要がある——こうした考え方がにじみ出ています。許可水利権という仕組みはその典型ですし、またもし河川敷にカフェやバーベキュー場を作りたかったら、河川管理者に申請して許可を得る必要があります(河川占用許可)。あるいは、もしNPO・NGOが河川を使って水資源・環境保全活動をしたいと思ったら、これまた河川管理者の許可を得なければならないのです(河川協力団体制度)。

ただ問題なのは、「その川を将来どんな川にしていくのか」、「そのために誰がどんな取り組みをしていくのか」といった、河川に関する根本的なビジョンやミッションの策定までもが、長らく行政の一元的な管理下に置かれてきたということです。

そんな状態に風穴を開けたのが、1997(平成9)年の河川法改正でした。そのポイントとして、まずそれまでの河川管理の目的である「治水」「利水」に、新たに「河川環境の整備と保全」が追加され、河川管理は**治水・利水・環境**という三つの目的から構成されることになりました。ちなみに水資源問題・水環境問題・水災害問題という本書の三分類は、この河川法を参考にしています。

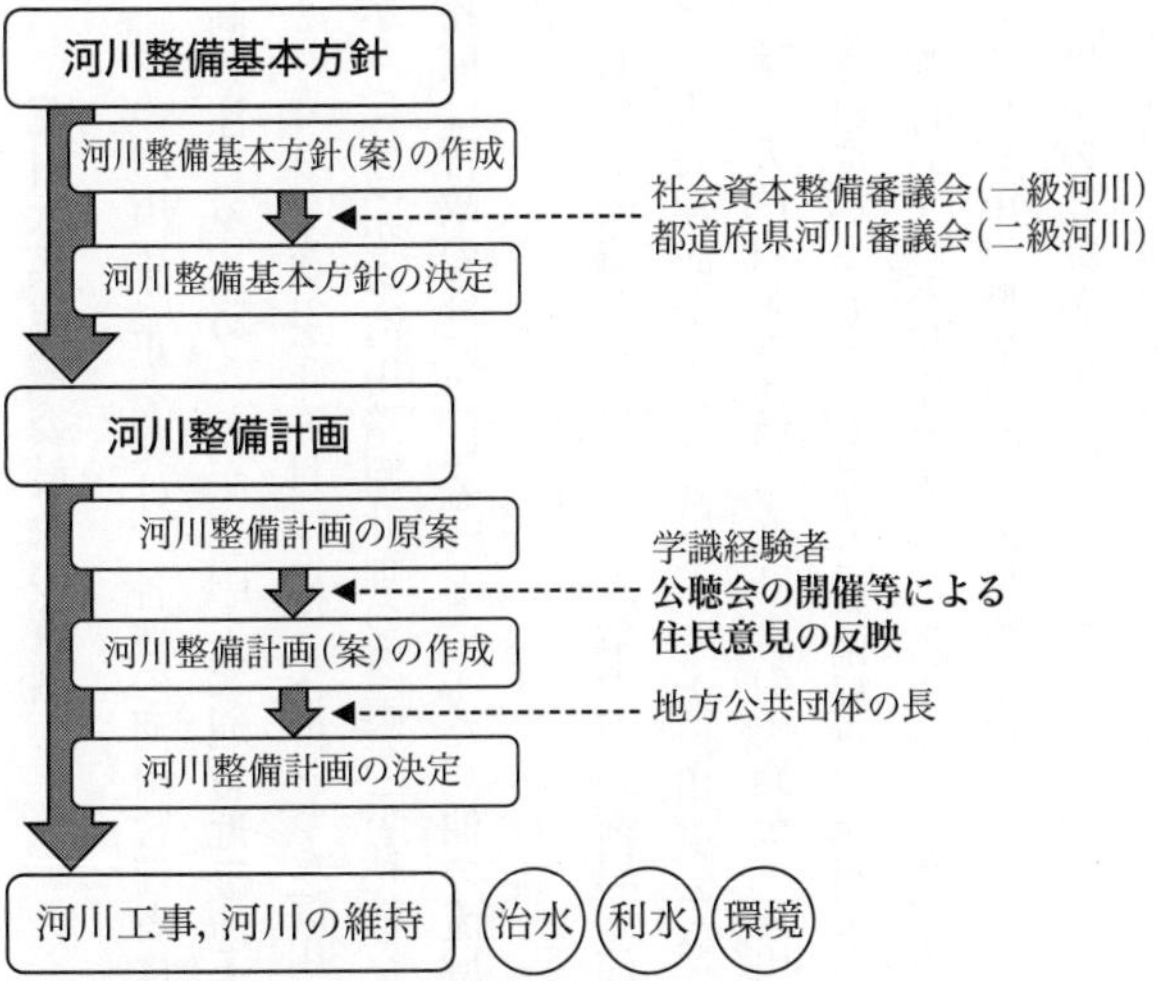

出典：国土交通省資料をもとに筆者作成

図表 6-3　河川整備基本方針と河川整備計画

そして河川法改正によって、河川管理者は必要に応じて住民意見を反映させるための措置を取ることとされました。詳しくは次の通りです（図表6−3）。

河川管理者は、まずその河川の長期的なビジョンなどからなる**河川整備基本方針**を定め、次にそれをもとに具体的な整備事業内容などが盛り込まれた**河川整備計画**を定めることとなりました。そして後者の河川整備計画については、原案の段階で公聴会などの方法で住民の意見を集め、それを計画案づくりに反映させることになったのです（河川法第一六条の二4項）。従来の公物管理の発想に大きく修正を迫る、一大転換点です。

淀川水系流域委員会の教訓

この河川法改正を受け、各地の河川管理者は住民意見を集める場を次々と設けます。中でも高い注目を集めたのが、国土交通省近畿地方整備局が設け、２００１(平成13)年２月から２００９(平成21)年８月にかけて活動した**淀川水系流域委員会**です。ここがユニークだったのが、「行政から河川整備計画の原案が示される前の段階から議論する」、「独立性を保つため事務局は行政の外に設ける」といった、他の流域委員会には見られない試みを導入したことでした。

しかし結論から言うと、近畿地方整備局と淀川水系流域委員会は物別れに終わります。例えば、当時建設が予定されていた大戸《だいど》川《がわ》ダム(滋賀県大津市)について、委員会からの中間意見書では「大戸川ダム建設事業計画の実施を「河川整備計画」に位置づけることは適切ではない」とされていました。しかし整備局は、委員会からの最終意見を待たずに河川整備計画の公表を強行し、「大戸川ダム等の洪水調節施設の整備を行うこととする」と明記したのです。２００９年の整備局のこの判断は物議を醸しました。

以上の経緯をどう評価するかですが、ひとまず巨視的に見ると、「ガバナンスによる統治」という新しい酒を「ガバメントによる統治」という古い革袋に入れたことが、物別れの根っこにあるような気がします。対等で水平的な連携・協働のポテンシャルを持つ試みを、伝統的な「諮問と答申」という垂直型のフォーマットで運用してしまったことが生んだ悲劇です。

そして物別れの背景には、次のような二つの法的要因もありました。

まず河川法そのものです。河川整備基本方針については、河川法で定めるべき事項があらかじめ決められており（河川法施行令第一〇条の二）、そのうちの一つに**基本高水**というものがあります。基本高水とは、河川ごとに決められる洪水防御計画の基本となる流量のことで、例えば100年から200年に1回の規模の大雨が降り、それが河川に流れ込んだ時の流量などを基本として値が決められます。つまり、ダム建設の有無やダムの規模は、基本高水流量の算出の段階（つまり河川整備基本方針のレベル）で実質的に決まってしまうため、河川整備計画の段階では結論はすでに出ているようなものです。

そして、国家賠償法という法律の存在も見逃せません。同法第二条には、「道路、河川その他の公の営造物の設置又は管理に瑕疵があつたために他人に損害を生じたときは、国又は公共団体は、これを賠償する責に任ずる。」という条文があります。もし河川から水が溢れて水害が起きたら、河川管理者は無過失責任、つまり故意・過失がなくても責任を負う可能性があるのです。河川管理の責任者や担当者にとって、まことに重たい条文です。

琵琶湖や淀川のことをよく知る水研究者、瀧健太郎氏はかつて私にこう教えてくれたことがあります。「水を溢れないようにするのが近畿地方整備局の責務だった。それに対して淀川水系流域委員会の要求は、溢れても人が死なないようにすることだった。だから整備局は委員会の提言を受け止められなかったのではないか」。私もまったく同感です。河川に関する根本的なビジョンやミッションに、住民の声を反映させよう——そう意気込んだ淀川水系流域委員会を阻んだのは、法律の壁だったのです。

ちなみに淀川水系流域委員会は、2012(平成24)年7月から装いを変えて活動を再開し、現在に至っています。そして大戸川ダムは、その後のさらなる紆余曲折を経て、現在は建設が進行中です。他方、日本各地で流域ガバナンスの実験が行われた河川法改正後のあの頃の熱気は、近年すっかり影を潜めているように感じます。「上下水道とダムさえあればもう安心」との意識が、人々の間でふたたび横溢してしまうのではないかと危惧するところです。

おわりに——落語的環境ガバナンス論、落語的新書

サービス業なら自分が何か値打ちのあるものをやってるという考え方ではあきまへんな。

——笑福亭松之助『草や木のように生きられたら』

ここまで本書は、環境ガバナンスという概念を軸に、環境問題や持続可能な発展といったテーマを議論してきました。今後さらに学びを深めたいという読者へのメッセージの意味も込め、本書が環境ガバナンスに関して意識したことをお示ししておきます（「環境ガバナンス論三箇条」と私が勝手に名付け、普段から心に留めているもの）。

①総合志向（synthesis-oriented）の環境ガバナンス論

環境ガバナンス論は、「環境問題とは何か」、「なぜ環境問題は起こるのか」、「どうすれば環境問題は解決するのか」という三つの問いをパッケージで扱わなければならない。

②実践・政策志向（practice and policy-oriented）の環境ガバナンス論

環境ガバナンス論は、研究者の世界だけで完結する知的遊戯物のようなものではなく、環境保全に関する現実の実践や政策とパッケージで語れるようなものでなければならない。環境ガバナンス論が掲げる研究上の問い（リサーチクエスチョン）は、実社会における実践上・政策上の問いとのリンクを意識したものでなくてはならない。

③学際志向（interdisciplinary-oriented）の環境ガバナンス論

環境ガバナンス論は、学問領域の細分化が、分業の利益だけでなく分業の不利益も生み、社会科学間の縦割りや、人文科学・社会科学・自然科学の分断をもたらしてきたことへの反省に立たなければならない。

次に環境ガバナンスの実践、つまり企業、政府、ＮＰＯ・ＮＧＯといった各主体間の連携・協力に当事者として関わっている（あるいはこれから関わってみたい）という読者には、以下のメッセージを送りたいと思います。

ＳＤＧｓやＥＳＧといったトレンドの中で、ここ最近は企業でも環境関連の業務に就く人が増えてきたように感じます。また例えば政府に目を向けると、非環境部署であっても環境関連の施策・業務を担うケースが増えています。このように、環境ガバナンスの担い手の裾野は着実に広がっているわけですが、中には何から手をつけたらいいのか分からない、と悩んでいる方もいるのではないでしょうか？ そしてそんな実践の当事者たちは、まず「自分に何ができるか」を考えるのではないでしょうか？ しかし本書で議論した環境ガバナンス論は、各主体が「それぞれができることを頑張る」のではなく、「それぞれが頑張るだけでは解決できない問題に協力して取り組む」やり方を考える枠組みなのでした。したがって、「自分だけで実現できること」ではなく「自分だけでは実現できないこと」から考えるのが、環境ガバナンスの実践の出発点になるでしょう。この点をまずは強調しておきます。

そしてそこからさらに思考を進め、「自分だけでは実現できないけれども、誰かと連携・協力したら実現できるかもしれないこと」へとイメージを膨らませる、というのが次のステップになるでしょう。そういった思考の先にようやく、どんな主体とどのように連携・協力すべきなのか、つまり環境ガバナンスの具体的な姿が浮かび上がるのです。

以上一連の流れで私がいつも思い浮かべるのは、18世紀の偉大な哲学者、ジャン＝ジャック・ルソーの著作『エミール』の中の有名な一節、「人間を社会的にするのはかれの弱さだ」です。環境ガバナンスへの途は、誰にでも開かれています。

また連携・協力に基づく取り組みの中身ですが、環境破壊を引き起こすメカニズム、そして持続可能な発展を阻害しているメカニズムに働きかけるものになっているかどうかを、当事者のみなさんには常に自問していただきたいと思います。本書で「市場の失敗」「政府の失敗」という概念を説明しました。環境破壊を食い止めようと思ったら、人々の心がけやモラルに訴えかけようとするのではなく、市場と政府における意思決定を変えなければならない――それが「市場の失敗」「政府の失敗」のメッセージです。市場や政府における意思決定を変えることにつながらない取り組みをいくら実施しても、それらは思いつきの域を出ない、効果の乏しいものになるでしょう。環境問題の文脈に限らず、日本では、「ゆるキャラを作ってPRしよう」といった取り組みが未だに後を絶ちません。古い時代の遺物として一刻も早く葬り去り、過去の笑い話(でも笑えない話)にする必要があります。

なお、環境ガバナンスに関して本書が意識したことがあともう一つあります。それは、「落語的」な環境ガバナンス論を展開してみたい、というものです。何のことかまったく意味不明かと思いますが、そして落語をまったく聞いたことがない方には大変恐縮なのですが、少しだけ素人談義にお付き合いください。

落語が落語であるためには、伝統芸能でありなおかつ大衆芸能でなければならない――それが私の落語理解です。大衆に喜んでもらうことを忘れて伝統をなぞるだけだったり、逆に伝統を軽んじて大衆に迎合するだけだったりすれば、おそらくそれは落語ではない別の何かになってしまうのでしょう。ただ社会の変化が激しい現代、その両立は落語家さんにとって並大抵ではないでしょうし、そもそも「伝統」と「大衆」をどう定義するかも、落語家さんによって、そして一門によってカラーが異なるようです。

本書の内容や書きぶりを構想するにあたって、私は落語の持つこうした特質を参考にしました。つまり、環境問題研究の学術的知見にきちんと根差した、しかし同時にあらゆる立場の人が手に取って読める、そんな本を書くという方針を立てたのです。それが成功したかどうか、そして私の伝統観や大衆観が的外れでなかったかどうかは、読者の判断に委ねるほかありません。ただ考えてみれば「伝統性と大衆性」というテーマは、新書という日本独自の出版文化の核となる思想でもあったはずであり、本書はその原点に立ち返っただけだと言えるかもしれません。また新書は専門学術書に比べて安価ですが、大衆芸能としての落語も、木戸銭(寄席の入場料)はおおむね庶民的な価格に抑えられています。そんな共通点も念頭にありました。

また落語には、歌舞伎、講談、浪曲、文楽、義太夫、能楽、狂言といったさまざまな芸能のエッセンスを併せ呑んでしまうバイタリティや融通無碍さがあります。上方落語家の故桂米朝さんも、「(落語は)いろんな芸の「吹きだまり」みたいなもんやさかいね」と(多分に謙遜を込めつつ)おっしゃっています。ただ落語家さんの話によると、オリジナルに近づけすぎると客にはかえって滑稽に映るので、あくまで落語っぽく表現するのが粋とされているようです。そこには、落語の「生け花」的な特質への自覚、そしてオリジナルの「根」や「土」に対する敬意もあるのかもしれません。

さらに落語は基本的に一人でやる芸能であり、派手な舞台演出や舞台装置は一切なく、聞き手の脳内の想像力に多くを委ねるという性質を持っています。役を与えられた演者が大勢集い、さらに楽器や衣装、舞台設営担当も含め多くの関係者の分業で成立する、歌舞伎のような芸能とは実に対照的です。

本書は、落語のそんな特質も参考にできないかと考えました。

環境問題研究に限らず、ここ最近の学術研究は、細分化・専門化・分業化の流れがますます強まっています。そして新書には、「各分野の最先端の知見を分かりやすく書く」という社会的役割が期待されています。それに対して本書は、むしろ「諸分野の基本的な知見を幅広く見通せるように書く」という意図のもと書かれています。本書が環境問題の総論と各論の両方を盛り込んだのも、そして各論について、ごみ問題、地球温暖化問題、生物多様性問題、水資源・環境問題というように網羅的に取り上げたのも、そうした意図があったためです。さらに環境ガバナンスという概念は、本書で述べたように、多様な構成要素から成るアンブレラタームなのでした。そんな本を一人だけで書き上げるとなれば、落語的な表現アプローチで包んでしまうしかないな、と考えたのです。生け花的な本でありながら、根や土にもきちんと思いを致した本が書けないだろうか？　読者を魅了する派手なケレン味は無くとも、読後にじんわりとした余韻が残るような本が書けないだろうか？——そんなことを思いながら筆を走らせてみたつもりです。

本書は、さまざまな方の支援なくしては誕生しませんでした。草稿段階で目を通し、有益なコメントをいただいた白石智宙氏（広島修道大学助教）・天畠華織氏（大阪公立大学准教授）・藤田研二郎氏（法政大学准教授）。学びの大切さや素晴らしさを日々私に気付かせてくれる、京都産業大学経営学部・宮永ゼミのみんな。心地よい職場環境を提供してくださっている、京都産業大学経営学部の同僚教職員各位。研究者稼業にまつわるよもやま話にいつも付き合ってくれる古くからの友人、高嶋修一氏（青山学院大学教授）。その他数えきれない、たくさんの研究仲間・活動仲間。そして何と言っても、類い稀な編集能力を発揮し本書を世に出してくださった、編集担当の飯田建氏。……感謝してもし切れません。

本書は、大学および大学院時代の恩師、植田和弘先生（京都大学名誉教授）の学恩に捧げたいと思います。先生に学部ゼミへの入ゼミをお認めいただいてから、今回こうして私なりの環境経済学・環境政策論を何とかまとめあげることができるまで、四半世紀もの時間が経ってしまいました。まさに光陰矢の如し、己の怠惰と不勉強を恥じるばかりです。いつか先生から、本書を読んだ率直な感想をいただくのが私の願いです。
そして、かけがえのない家族である妻・理絵と息子・和彰にも本書を捧げます。頼りない父ちゃんだけど、これからもよろしくね。

宮永　健太郎

2023年4月

参考文献

植田和弘(1996)『環境経済学』岩波書店
植田和弘(2000)「循環型社会の社会経済システムと公共政策」酒井伸一・森千里・植田和弘・大塚直『循環型社会：科学と政策』有斐閣, 179–253.
植田和弘(2010)「福祉(well-being)と経済成長：持続可能な発展へ」『計画行政』33(2), 3–9.
植田和弘(2013)『緑のエネルギー原論』岩波書店
大野智彦(2015)「ダム治水の持続可能性と経路依存性」『環境経済・政策研究』8(2), 74–77.
太田正(2019)「水道事業をめぐる広域化と民営化の新たな動向と特徴：改正水道法に基づく事業構造の改編を中心として」『水資源・環境研究』32(2), 35–43.
沖大幹(2012)『水危機 ほんとうの話』新潮社
尾田榮章・仲上健一・野田浩二・大野智彦・宮永健太郎(2016)「座談会 川づくりの来し方・行く末：河川法制定120周年に寄せて」『水資源・環境研究』29(1), 1–7.
開沼泰隆(2020)「IoTが環境ビジネスへもたらす効果と期待」『システム／制御／情報』64(10), 374–379.
環境省(2021)『生物多様性及び生態系サービスの総合評価2021(JBO3: Japan Biodiversity Outlook 3)詳細版報告書』
小田切康彦(2014)『行政–市民間協働の効用：実証的接近』法律文化社
斎藤幸平(2020)『人新世の「資本論」』集英社
坂本治也編(2017)『市民社会論：理論と実証の最前線』法律文化社
末石冨太郎(1975)『都市環境の蘇生』中公新書
寺田寅彦(1938)『天災と國防』岩波新書

堂本暁子(1995)『生物多様性：生命の豊かさを育むもの』岩波書店
中井克樹(2020)「地方行政における外来種対策」『月刊自治研』vol.62, no. 735. 34–40.
日本生態学会編(2010)『自然再生ハンドブック』地人書館
三俣学・齋藤暖生(2022)『森の経済学：森が森らしく、人が人らしくある経済』日本評論社
宮下直・井鷺裕司・千葉聡(2012)『生物多様性と生態学：遺伝子・種・生態系』朝倉書店
宮永健太郎(2022a)「環境問題とその発生メカニズム」具承桓編著『マネジメント・リテラシー(第2版)：社会思考・歴史思考・論理思考』白桃書房，59–77.
宮永健太郎(2022b)「持続可能な発展(sustainable development)」具承桓編著『マネジメント・リテラシー(第2版)：社会思考・歴史思考・論理思考』白桃書房，79–92.
宮永健太郎(2022c)「SDGs／ESG時代の企業経営："CSR"と"環境経営"から考える」具滋承編著『経営学の入門』法律文化社，237–255.
諸富徹・浅岡美恵(2010)『低炭素経済への道』岩波新書

Armitage, D., de Loë, R. and Plummer, R. 2012. Environmental Governance and its Implications for Conservation Practice, *Conservation Letters*, 5(4), 245–255.
Biermann, F., Hickmann, T., Sénit, C., Beisheim, M., Bernstein, S., Chasek, P., Grob, L., Kim, R.E., Kotzé, L.J., Nilsson, M., Llanos, A.O., Okereke, C., Pradhan, P., Raven, R., Sun, Y., Vijge, M.J., van Vuuren, D. and Wicke, B. 2022. Scientific evidence on the political impact of the Sustainable Development Goals, *Nature Sustainability*, 5(9), 1–6.
BloombergNEF. 2020. *New Energy Outlook 2020: Executive Summa-*

ry. https://assets.bbhub.io/professional/sites/24/928908_NEO2020-Executive-Summary.pdf
Ciriacy-Wantrup, S.V. and Bishop, R.C. 1975. "Common Property" as a Concept in Natural Resources Policy, *Natural Resources Journal*, 15(4), 713–727.
Dinda, S. 2004. Environmental Kuznets Curve Hypothesis: A Survey, *Ecological Economics*, 49(4), 431–455.
Endo, T., Iizuka, T., Koga, H. and Hamada, N. 2022. Groundwater as emergency water supply: case study of the 2016 Kumamoto Earthquake, Japan. *Hydrogeology Journal*, 30, 2237–2250.
Freeman, R.E. 1984. *Strategic Management: A Stakeholder Approach*, Pitman.
Hardin, G. 1968. The tragedy of the commons, *Science*, 162, 1243–1248.
Hirsch, P. and Schempp, C. ed. 2020. *Categorisation system for the circular economy: a sector-agnostic approach for activities contributing to the circular economy*, Publications Office.
Horgan, E. 2011. *Strategic Carbon Management*, The Carbon Trust, UK.
IPBES (Intergovernmental Science-Policy Platform on Biodiversity and Ecosystem Services). 2019. *Summary for policymakers of the global assessment report on biodiversity and ecosystem services of the Intergovernmental Science-Policy Platform on Biodiversity and Ecosystem Services.*
IRP (International Resource Panel), 2019, *Global Resources Outlook 2019: Natural Resources for the Future We Want.*
Ison, N. 2009. *Overcoming technical knowledge barriers to community energy projects in Australia*, Honors Thesis, School of Civil and Environmental Engineering, University of New South Wales, Sydney.

Jordan, A., Huitema, D., van Asselt, H. and Forster, J. ed. 2018. *Governing climate change: Polycentricity in action?*, Cambridge University Press.

Kirchherr, J., Reike, D. and Hekkert, M. 2017. Conceptualizing the circular economy: An analysis of 114 definitions, *Resources, Conservation and Recycling*, 127, 221–232.

Lacy, P. and Rutqvist, J. 2015. *Waste to Wealth: The Circular Economy Advantage*, Palgrave Macmillan.（牧岡宏・石川雅崇監訳・アクセンチュア・ストラテジー訳(2019)『新装版 サーキュラー・エコノミー：デジタル時代の成長戦略』日本経済新聞出版）

McDonald, R.I., Fargione, J., Kiesecker, J., Miller, W.M. and Powell, J. 2009. Energy Sprawl or Energy Efficiency: Climate Policy Impacts on Natural Habitat for the United States of America, *PLoS ONE*, 4(8)

Mehring, M., Bernard, B., Hummel, D., Liehr, S. and Lux, A. 2017. Halting biodiversity loss: how social-ecological biodiversity research makes a difference, *International Journal of Biodiversity Science, Ecosystem Services & Management*, 13(1), 172–180.

Miyanaga, K. and Nakai, K. 2021. Making adaptive governance work in biodiversity conservation: lessons in invasive alien aquatic plant management in Lake Biwa, Japan, *Ecology and Society*, 26(2), 11.

Miyanaga, K. and Shimada, D. 2018. 'The tragedy of the commons' by underuse: Toward a conceptual framework based on ecosystem services and *satoyama* perspective, *International Journal of the Commons*, 12(1), 332–351.

Ostrom, E. 1965. *Public Entrepreneurship: A Case Study in Ground Water Basin Management*, Dissertation, University of California, Los Angeles.

Ostrom, E. 1990. *Governing the Commons: The Evolution of Institu-*

tions for Collective Action, Cambridge University Press.(原田禎夫・齋藤暖生・嶋田大作訳(2022)『コモンズのガバナンス：人びとの協働と制度の進化』晃洋書房)
Ostrom, E. 2009. A General Framework for Analyzing Sustainability of Social-Ecological Systems, *Science*, 325(5939), 419–422.
Ostrom, E. 2010. Polycentric systems for coping with collecting action and global environmental change, *Global Environmental Change*, 20, 550–557.
Ostrom, E. 2014. A polycentric approach for coping with climate change, *Annals of Economics and Finance*, 15(1), 97–134.
Parry, I., Black, S. and Vernon, N. 2021. Still Not Getting Energy Prices Right: A Global and Country Update of Fossil Fuel Subsidies, *IMF Working Paper*.
Porter, M.E. and Kramer, M.R. 2011. Creating Shared Value: How to reinvent capitalism–and unleash a wave of innovation and growth, *Harvard Business Review*, 89(1–2).
Porter, M.E. and van der Linde, C. 1995. Green and Competitive: Ending the Stalemate, *Harvard Business Review*, 73(5).
Ren21. 2022. *Renewables 2022: Global Status Report*. https://www.ren21.net/wp-content/uploads/2019/05/GSR2022_Full_Report.pdf
Sachs, J.D. 2015. *The Age of Sustainable Development*, Columbia University Press.
Saito, H. and Mitsumata, G. 2008. Bidding Customs and Habitat Improvement for Matsutake(*Tricholoma matsutake*)in Japan. *Economic Botany*, 62(3), 257–268.
Secretariat of the Convention on Biological Diversity. 2020. *Global Biodiversity Outlook 5*.
Shimada, D. 2015. Multi-level Natural Resources Governance Based

on Local Community: A Case Study on Semi-natural Grassland in Tarōji, Nara, Japan. *International Journal of the Commons*, 9(2), 486–509.

Spalding, M., McIvor, A., Tonneijck, F.H., Tol. S. and van Eijk, P. 2014. *Mangroves for coastal defence. Guidelines for coastal managers & policy makers*, Wetlands International and the Nature Conservancy.

Steffen, W., Broadgate, W., Deutsch, L., Gaffney, O. and Ludwig, C. 2015. The trajectory of the Anthropocene: The Great Acceleration, *The Anthropocene Review*, 2(1), 81–98.

UNEP(United Nations Environment Programme). 2021. *Food Waste Index Report 2021*.

Wolfe, P. 2005. *A proposed Energy Hierarchy*. http://wolfeware.com/library/publications/EnergyHierarchy.pdf

宮永健太郎

1976年生まれ
京都大学大学院経済学研究科博士課程修了．博士(経済学)
現在—京都産業大学経営学部准教授
専攻—環境ガバナンス論

持続可能な発展の話
—「みんなのもの」の経済学　　岩波新書(新赤版)1974

2023年5月19日　第1刷発行

著　者　宮永健太郎《みやながけんたろう》

発行者　坂本政謙

発行所　株式会社 岩波書店
〒101-8002 東京都千代田区一ツ橋 2-5-5
案内 03-5210-4000　営業部 03-5210-4111
https://www.iwanami.co.jp/

新書編集部 03-5210-4054
https://www.iwanami.co.jp/sin/

印刷・理想社　カバー・半七印刷　製本・中永製本

© Kentaro Miyanaga 2023
ISBN 978-4-00-431974-0　　Printed in Japan

岩波新書新赤版一〇〇〇点に際して

ひとつの時代が終わったと言われて久しい。だが、その先にいかなる時代を展望するのか、私たちはその輪郭すら描きえていない。二〇世紀から持ち越した課題の多くは、未だ解決の緒を見つけることのできないままであり、二一世紀が新たに招きよせた問題も少なくない。グローバル資本主義の浸透、憎悪の連鎖、暴力の応酬——世界は混沌として深い不安の只中にある。

現代社会においては変化が常態となり、速さと新しさに絶対的な価値が与えられた。消費社会の深化と情報技術の革命は、種々の境界を無くし、人々の生活やコミュニケーションの様式を根底から変容させてきた。ライフスタイルは多様化し、一面では個人の生き方をそれぞれが選びとる時代が始まっている。同時に、新たな格差が生まれ、様々な次元での亀裂や分断が深まっている。社会や歴史に対する意識が揺らぎ、普遍的な理念に対する根本的な懐疑や、現実を変えることへの無力感がひそかに根を張りつつある。そして生きることに誰もが困難を覚える時代が到来している。

しかし、日常生活のそれぞれの場で、自由と民主主義を獲得し実践することを通じて、私たち自身がそうした閉塞を乗り超え、希望の時代の幕開けを告げてゆくことは不可能ではあるまい。そのために、いま求められていること——それは、個と個の間で開かれた対話を積み重ねながら、人間らしく生きることの条件について一人ひとりが粘り強く思考することではないか。その営みの糧となるものが、教養に外ならないと私たちは考える。歴史とは何か、よく生きるとはいかなることか、世界そして人間はどこへ向かうべきなのか——こうした根源的な問いとの格闘が、文化と知の厚みを作り出し、個人と社会を支える基盤としての教養となった。まさにそのような教養への道案内こそ、岩波新書が創刊以来、追求してきたことである。

岩波新書は、日中戦争下の一九三八年一一月に赤版として創刊された。創刊の辞は、道義の精神に則らない日本の行動を憂慮し、批判的精神と良心的行動の欠如を戒めつつ、現代人の現代的教養を刊行の目的とする、と謳っている。以後、青版、黄版、新赤版と装いを改めながら、合計二五〇〇点余りを世に問うてきた。そして、いままた新赤版が一〇〇〇点を迎えたのを機に、人間の理性と良心への信頼を再確認し、それに裏打ちされた文化を培っていく決意を込めて、新しい装丁のもとに再出発したいと思う。一冊一冊から吹き出す新風が一人でも多くの読者の許に届くこと、そして希望ある時代への想像力を豊かにかき立てることを切に願う。

（二〇〇六年四月）

経済

日本経済図説〔第五版〕 宮崎勇 本庄真 田谷禎三
好循環のまちづくり！ 枝廣淳子
グローバル・タックス 諸富徹
世界経済図説〔第四版〕 宮崎勇 田谷禎三
日本経済30年史 バブルからアベノミクスまで 山家悠紀夫
行動経済学の使い方 大竹文雄
日本のマクロ経済政策 熊倉正修
ゲーム理論入門の入門 鎌田雄一郎
平成経済 衰退の本質 金子勝
幸福の増税論 井手英策
日本の税金〔第3版〕 三木義一
戦争体験と経営者 立石泰則
金融政策に未来はあるか 岩村充
データサイエンス入門 竹村彰通
経済数学入門の入門 田中久稔
地元経済を創りなおす 枝廣淳子
会計学の誕生 渡邉泉
偽りの経済政策 服部茂幸
ミクロ経済学入門の入門 坂井豊貴
経済学のすすめ 佐和隆光
ガルブレイス 伊東光晴
ユーロ危機とギリシャ反乱 田中素香
ポスト資本主義 科学・人間・社会の未来 広井良典
日本の納税者◆ 三木義一
タックス・イーター 志賀櫻
コーポレート・ガバナンス◆ 花崎正晴
グローバル経済史入門 杉山伸也
アベノミクスの終焉◆ 服部茂幸
新・世界経済入門 西川潤
金融政策入門 湯本雅士
日本経済図説〔第四版〕 宮崎勇 本庄真 田谷禎三
新自由主義の帰結 服部茂幸
タックス・ヘイブン 志賀櫻
WTO 貿易自由化を超えて 中川淳司
日本財政 転換の指針 井手英策
成熟社会の経済学 小野善康
平成不況の本質 大瀧雅之
原発のコスト 大島堅一
次世代インターネットの経済学 依田高典
ユーロ 危機の中の統一通貨 田中素香
低炭素経済への道 諸富徹 浅岡美恵
「分かち合い」の経済学 神野直彦
グリーン資本主義 佐和隆光
消費税をどうするか 小此木潔
国際金融入門〔新版〕 岩田規久男
ビジネス・インサイト◆ 石井淳蔵
金融商品とどうつき合うか 新保恵志
金融NPO 藤井良広
地域再生の条件 本間義人
経済データの読み方〔新版〕 鈴木正俊
格差社会 何が問題なのか 橘木俊詔

岩波新書より

社会

- ジョブ型雇用社会とは何か　濱口桂一郎
- 法医学者の使命 「人の死を生かす」ために　吉田謙一
- 異文化コミュニケーション学　鳥飼玖美子
- モダン語の世界へ　山室信一
- 時代を撃つ ノンフィクション100　佐高信
- 労働組合とは何か　木下武男
- プライバシーという権利　宮下紘
- 地域衰退　宮﨑雅人
- 江戸問答　田中優子・松岡正剛
- 広島平和記念資料館は問いかける　志賀賢治
- コロナ後の世界を生きる　村上陽一郎編
- リスクの正体　神里達博
- 紫外線の社会史　金凡性
- 「勤労青年」の教養文化史　福間良明

- 5G 次世代移動通信規格の可能性　森川博之
- 客室乗務員の誕生　山口誠
- 「孤独な育児」のない社会へ　榊原智子
- 放送の自由　川端和治
- 社会保障再考 〈地域〉で支える　菊池馨実
- 生きのびるマンション　山岡淳一郎
- 虐待死 なぜ起きるのか、どう防ぐか　川崎二三彦
- 平成時代　吉見俊哉
- バブル経済事件の深層　奥山俊宏・村山治
- 日本をどのような国にするか　丹羽宇一郎
- なぜ働き続けられない？ 社会と自分の力学　鹿嶋敬
- 物流危機は終わらない　首藤若菜
- 認知症フレンドリー社会　徳田雄人
- アナキズム 一丸となってバラバラに生きろ　栗原康
- まちづくり都市 金沢　山出保
- 総介護社会　小竹雅子
- 賢い患者　山口育子

- 住まいで「老活」　安楽玲子
- 現代社会はどこに向かうか　見田宗介
- EVと自動運転 クルマをどう変えるか　鶴原吉郎
- ルポ 保育格差　小林美希
- 棋士とAI　王銘琬
- 科学者と軍事研究　池内了
- 原子力規制委員会　新藤宗幸
- 東電原発裁判　添田孝史
- 日本問答　田中優子・松岡正剛
- 日本の無戸籍者　井戸まさえ
- 〈ひとり死〉時代のお葬式とお墓　小谷みどり
- 町を住みこなす　大月敏雄
- 歩く、見る、聞く 人びとの自然再生　宮内泰介
- 対話する社会へ　暉峻淑子
- 悩みいろいろ　金子勝
- 魚と日本人 食と職の経済学　濱田武士
- ルポ 貧困女子　飯島裕子

岩波新書より

鳥獣害 動物たちと、どう向きあうか　祖田修
科学者と戦争　池内了
新しい幸福論　橘木俊詔
ブラックバイト 学生が危ない　今野晴貴
原発プロパガンダ　本間龍
ルポ 母子避難　吉田千亜
日本にとって沖縄とは何か　新崎盛暉
日本病 長期衰退のダイナミクス　金子勝 児玉龍彦
雇用身分社会　森岡孝二
生命保険とのつき合い方　出口治明
ルポ にっぽんのごみ　杉本裕明
鈴木さんにも分かるネットの未来　川上量生
地域に希望あり　大江正章
世論調査とは何だろうか　岩本裕
フォト・ストーリー 沖縄の70年　石川文洋
ルポ 保育崩壊　小林美希
多数決を疑う 社会的選択理論とは何か　坂井豊貴

アホウドリを追った日本人　平岡昭利
朝鮮と日本に生きる　金時鐘
被災弱者　岡田広行
農山村は消滅しない　小田切徳美
復興〈災害〉　塩崎賢明
「働くこと」を問い直す　山崎憲
原発と大津波 警告を葬った人々　添田孝史
縮小都市の挑戦　矢作弘
福島原発事故 被災者支援政策の欺瞞　日野行介
日本の年金　駒村康平
食と農でつなぐ 福島から　塩谷弘康 岩崎由美子
過労自殺〔第二版〕　川人博
金沢を歩く　山出保
ドキュメント 豪雨災害　稲泉連
ひとり親家庭　赤石千衣子
女のからだ フェミニズム以後　荻野美穂
〈老いがい〉の時代　天野正子
子どもの貧困 II　阿部彩

性と法律　角田由紀子
ヘイト・スピーチとは何か　師岡康子
生活保護から考える◆　稲葉剛
かつお節と日本人　宮内泰介 藤林泰
家事労働ハラスメント　竹信三恵子
福島原発事故 県民健康管理調査の闇　日野行介
電気料金はなぜ上がるのか　朝日新聞経済部
おとなが育つ条件　柏木惠子
在日外国人〔第三版〕　田中宏
まち再生の術語集　延藤安弘
震災日録 記憶を記録する　森まゆみ
原発をつくらせない人びと　山秋真
社会人の生き方　暉峻淑子
構造災 科学技術社会に潜む危機　松本三和夫
家族という意志　芹沢俊介
ルポ 良心と義務　田中伸尚
飯舘村は負けない　千葉悦子 松野光伸
夢よりも深い覚醒へ　大澤真幸

(2021.10)　◆は品切，電子書籍版あり．(D2)

岩波新書より

3・11 複合被災◆　外岡秀俊
子どもの声を社会へ　桜井智恵子
就職とは何か　森岡孝二
日本のデザイン　原研哉
ポジティヴ・アクション　辻村みよ子
脱原子力社会へ　長谷川公一
希望は絶望のど真ん中に　むのたけじ
福島 原発と人びと　広河隆一
アスベスト 広がる被害　大島秀利
原発を終わらせる　石橋克彦編
日本の食糧が危ない　中村靖彦
勲章 知られざる素顔　栗原俊雄
希望のつくり方　玄田有史
生き方の不平等◆　白波瀬佐和子
同性愛と異性愛　風間孝・河口和也
贅沢の条件　山田登世子
新しい労働社会　濱口桂一郎
世代間連帯　上野千鶴子・辻元清美
道路をどうするか　五十嵐敬喜・小川明雄

子どもの貧困　阿部彩
子どもへの性的虐待　森田ゆり
戦争絶滅へ、人間復活へ　むのたけじ・黒岩比佐子 聞き手
テレワーク「未来型労働」の現実　佐藤彰男
反貧困　湯浅誠
不可能性の時代　大澤真幸
地域の力　大江正章
少子社会日本　山田昌弘
親米と反米　吉見俊哉
「悩み」の正体　香山リカ
変えてゆく勇気◆　上川あや
戦争で死ぬ、ということ　島本慈子
ルポ 改憲潮流　斎藤貴男
社会学入門　見田宗介
冠婚葬祭のひみつ　斎藤美奈子
少年事件に取り組む　藤原正範
悪役レスラーは笑う◆　森達也
いまどきの「常識」　香山リカ
働きすぎの時代◆　森岡孝二

桜が創った「日本」　佐藤俊樹
生きる意味　上田紀行
ルポ 戦争協力拒否　吉田敏浩
社会起業家◆　斎藤槙
ウォーター・ビジネス　中村靖彦
逆システム学◆　金子勝・児玉龍彦
男女共同参画の時代　鹿嶋敬
当事者主権　中西正司・上野千鶴子
豊かさの条件　暉峻淑子
クジラと日本人　大隅清治
人生案内　落合恵子
若者の法則　香山リカ
自白の心理学　浜田寿美男
原発事故はなぜくりかえすのか　高木仁三郎
日本の近代化遺産　伊東孝
証言 水俣病　栗原彬編
日の丸・君が代の戦後史◆　田中伸尚
コンクリートが危ない　小林一輔

環境・地球

グリーン・ニューディール　明日香壽川
水の未来　沖　大幹
異常気象と地球温暖化　鬼頭昭雄
エネルギーを選びなおす　小澤祥司
欧州のエネルギーシフト　脇阪紀行
グリーン経済最前線　井田徹治・末吉竹二郎
低炭素社会のデザイン　西岡秀三
環境アセスメントとは何か　原科幸彦
生物多様性とは何か　井田徹治
キリマンジャロの雪が消えていく　石　弘之
イワシと気候変動　川崎　健
森林と人間　石城謙吉
世界森林報告　山田　勇
地球の水が危ない　高橋　裕
地球環境報告 II　石　弘之
地球温暖化を防ぐ　佐和隆光
地球環境問題とは何か　米本昌平
地球環境報告　石　弘之
ゴリラとピグミーの森　伊谷純一郎
国土の変貌と水害　高橋　裕
水俣病　原田正純

情報・メディア

実践 自分で調べる技術　宮内泰介
生きるための図書館　竹内さとる
流言のメディア史　佐藤卓己
メディア不信　何が問われているのか　林　香里
グローバル・ジャーナリズム　澤　康臣
キャスターという仕事　国谷裕子
読んじゃいなよ！　高橋源一郎編
読書と日本人　津野海太郎
スポーツアナウンサー　実況の真髄　山本　浩
戦争と検閲　石川達三を読み直す　河原理子
NHK〔新版〕　松田　浩
震災と情報　徳田雄洋
メディアと日本人　橋元良明
デジタル社会はなぜ生きにくいか　徳田雄洋
ジャーナリズムの可能性　原　寿雄
ITリスクの考え方　佐々木良一
ウェブ社会をどう生きるか　西垣　通
報道被害　梓澤和幸
メディア社会　佐藤卓己
現代の戦争報道　門奈直樹
未来をつくる図書館　菅谷明子
新聞は生き残れるか　◆中馬清福
インターネット術語集 II　矢野直明
メディア・リテラシー　菅谷明子
職業としての編集者　吉野源三郎
岩波新書解説総目録 1938-2019　岩波新書編集部編

岩波新書/最新刊から

1965 **サピエンス減少**
―縮減する未来の課題を探る―
原 俊彦 著
人類はいま、人口増を前提にした社会システムの再構築を迫られている。課題先進国・日本からサピエンスの未来を考える。

1966 **アリストテレスの哲学**
中畑正志 著
彼が創出した〈知の方法〉を示し、議論全体の核心を明らかにする。「いまを生きる哲学者」としての姿を描き出す現代的入門書。

1967 **軍と兵士のローマ帝国**
井上文則 著
繁栄を極めたローマは、常に戦闘姿勢をとる国家でもあった。軍隊と社会との関わり、兵士の視点から浮かびあがる新たな歴史像。

1968 **川端康成**
孤独を駆ける
十重田裕一 著
孤独の精神を源泉にして、他者とのつながりをもたらすメディアへの関心を終生持ち続けた作家の軌跡を、時代のなかに描きだす。

1969 **会社法入門 第三版**
神田秀樹 著
令和元年改正を織り込むほか、DXやサステナビリティなどの国際的な潮流に対応して進化を続ける会社法の将来も展望する。

1970 **動物がくれる力**
教育、福祉、そして人生
大塚敦子 著
犬への読み聞かせは子供を読書へ誘い、若者は保護犬をケアし生き直す。高齢者は犬や猫と豊かな日々を過ごす。人と動物の絆とは。

1971 **優しいコミュニケーション**
―「思いやり」の言語学―
村田和代 著
日常の雑談やビジネス会議、リスクコミュニケーションなどを具体的に分析し、「人に優しい話し方・聞き方」を考える。

1972 **まちがえる脳**
櫻井芳雄 著
人がまちがえるのは脳がいいかげんなせい。だからこそ新たなアイデアを創造する。脳の真の姿を最新の研究成果から知ろう。

(2023.5)